自然科学の華

微分方程式

清 史弘 著

現代数学社

はじめに

　数学の中で, 多くの自然科学と深い関わりをもつ分野の一つが微分方程式です。微分方程式は未知の関数の導関数を含む方程式ですが, これがなぜ重要なのかについては,

　　　「自然科学の法則は微分方程式の形で記述されるものが多い」

点にあります。そして, 微分方程式の解を求めたり, 解の性質を調べることは, 自然科学の現象が「なぜそうなるのかを説明できる」ことと「今後, その現象がどのようになるか」すなわち, 未来を知ることができる点にあります。これはまさに多くの自然科学が求めているものでもあり, それを華麗に見つけ出す微分方程式は「自然科学の華」ともいえます。

　本書には次のような特徴があります。

- 身近にあるものを題材として選んだ。また, 微分方程式の解が具体的な形で表せるものを中心に選んだ。

- 第 1 章では, 微分方程式の初歩の解説をし, 第 2 章〜第 12 章まで微分方程式の話題を取り上げた。第 2 章以降はどの章から読み始めてもよいようにしたので, 微分方程式の解法など, 一部重複した説明が含まれる。

- 図は極力正確なものを提供し, 微分方程式の解が「肌感覚」で伝わるように工夫した。

　次に注意点です。

- 高校数学で扱う内容については説明は入れていないが, 高校数学外の内容については, 極力説明を入れるようにした。

- 対象となる現象を考える際に単純化したモデルを用意したが, 単純化したモデルは実在するものと完全には一致しないので, 結果も実際とは多少の誤差はある。

　本書は微分方程式コレクションとしての面もあります。多くの人がこの微分方程式を楽しんでいただけると大変うれしく思います。

著者　清　史弘

目 次

第 1 章　微分方程式の基礎　　　　　　　　　　　　　　　　　　　1

　1.1　微分方程式とは 1

　1.2　簡単な微分方程式の解法 4

　1.3　雨滴の落下速度 9

第 2 章　ばねばかりの重りはなぜ単振動するのか　　　　　　　　13

　2.1　微分方程式 (2.1) を解く 14

　2.2　微分方程式 (2.1) の解に関する補足 17

　2.3　空気抵抗のある場合についての考察 18

第 3 章　なぜ, 惑星は楕円軌道を描くのか　　　　　　　　　　　25

　3.1　楕円の極方程式 25

　3.2　楕円の運動を表す微分方程式 27

　3.3　微分方程式 (3.9) を解く 31

　3.4　惑星の軌道に関する補足 33

第 4 章　懸垂線に関する話題　　　　　　　　　　　　　　　　　37

　4.1　微分方程式を作る 39

　4.2　微分方程式を解く 41

　4.3　懸垂線の性質 44

第 5 章　生物の個体数の変化　　　　　　　　　　　　　　　　　49

　5.1　1 種類の生物の個体数の変化 49

　5.2　2 種類の生物の関係と個体数の変化 59

第 6 章　軍拡競争の数理　　　　　　　　　　　　　　　　　　　71

　6.1　軍拡競争モデル 71

6.2 微分方程式を解くための確認 73

6.3 微分方程式系 (6.7), (6.8) の解 83

6.4 行列を用いて検証する 87

6.5 具体例 89

第 7 章 追跡曲線　　　　　　　　　　　　　　　　　　　　　　　　95

7.1 座標の設定と問題点の整理 96

7.2 ミサイルの軌道を求める 98

7.3 具体例 104

第 8 章 最速降下線　　　　　　　　　　　　　　　　　　　　　　　107

8.1 設定と問題点 108

8.2 y の満たす微分方程式を作る 109

8.3 (8.5) を満たす曲線を求める 112

8.4 最下点に到達するまでにかかる時間 114

8.5 東京 – 大阪を夢の乗り物で結ぶ 115

第 9 章 電流回路の中の微分方程式　　　　　　　　　　　　　　　　117

9.1 物理法則の確認 117

9.2 2 階の微分方程式に関する準備 119

9.3 直流回路の場合 122

9.4 交流回路の場合 126

第 10 章 対岸問題　　　　　　　　　　　　　　　　　　　　　　　129

10.1 問題の設定 130

10.2 点 P の軌跡を求める 132

10.3 ボートの軌跡についての考察 134

10.4 目的地に到達するまでの時間 136

10.5 $r = 1$ の場合の考察 137

第 11 章 ロケットと微分方程式　　　　　　　　　　　　　　　　　141

11.1 微分方程式を作る 142

11.2 最終速度を求める 144

11.3 多段式ロケットへ 147

第 12 章 感染症と SIR モデル   153

12.1 SIR モデルとは 155

12.2 流行初期の様子 159

12.3 大域的な理論 163

12.4 関連資料 168

第1章　微分方程式の基礎

1.1　微分方程式とは

　私たちの身のまわりには, いくつもの自然法則がありますが, その中から比較的易しいものを選んでそれを数式で表現してみましょう。ここで, 以下の例に現れる関数は, 実際には「整数値しかとらない」もの, とびとびの値しかとらないものなどがありますが, ここでは (そのような関数であっても) 連続な値をとるものとし, また必要に応じて十分に微分可能な関数であると (都合よく) 仮定しておきます。

1 　放射性元素の崩壊

　例えば, ウラニウム 238, 炭素 14 などの放射性元素は今ある質量に比例して別の元素に変わりその元素自体は減っていきます。したがって, このような放射性元素のある時刻 t における質量を $M = M(t)$ で表すと

$$\frac{dM}{dt} = -kM \qquad (k \text{ は正の定数}) \tag{1.1}$$

が成り立ちます。

2 　雨滴の落下速度

　物体を地表面付近で自由落下させるとき, 物体には重力の他に空気抵抗がかかります。この空気抵抗は物体の速さが「小さいとき」には, 速さに比例した力が物体の速度の向きとは逆向きにかかることが知られています。

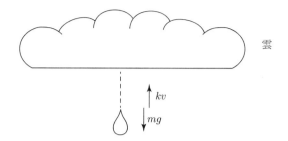

　例えば，雲から落ちる雨粒の質量を m, 速度を $v = v(t)$, 重力加速度を g とおくと

$$m\frac{dv}{dt} = mg - kv \tag{1.2}$$

が成り立ちます。ただし，k は正の定数です。

3　ばねの運動

　ばねに重りをつけてのばすと，のばした長さが小さいとき，重りにはつりあいの位置からのばした長さに比例してつりあいの位置に戻ろうとする力が働きます。

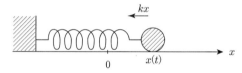

　したがって，ばねの自然長からの位置を図のように $x = x(t)$, 物体の質量を m とすると

$$m\frac{d^2x}{dt^2} = -kx$$

が成り立ちます。ここで k は正の定数です。

　このように，自然法則は未知の関数とその導関数を含む方程式で表されることが多いのですが，このように未知の関数の導関数を含む方程式を**微分方程式**といいます。さて，微分方程式 (1.1) を満たす関数 $M(t)$ は一般に

$$M(t) = Ce^{-kt} \qquad (C \text{ は任意定数}) \tag{1.3}$$

の形で表されますが, このように与えられた微分方程式を満たす関数を微分方程式の**解**といいます。ところで, (1.3) は任意定数 C を含んでいますが, このように一般に微分方程式だけではその解は一通りに定まりません。これに対して, 微分方程式 (1.1) の他に 「$t = 0$ のとき $M(t)$ の値は M_0 である」 すなわち, $M(0) = M_0$ といった条件 (これを初期条件という) が追加されれば, $M(t)$ は

$$M(t) = M_0 e^{-kt} \tag{1.4}$$

のように (この場合は) 一通りに決定します。(1.3) のように任意定数を含んだ形の解を微分方程式の**一般解**といい, (1.4) のように微分方程式と初期条件によって決定した解を微分方程式の**特殊解**といいます。

　さて, ここまでいろいろな自然法則を数式で表現してみましたが, このように多くの自然法則は微分方程式の形で表すことができます。そして, 微分方程式を解くことはその自然法則の中に隠されている関数を見つけ出すことに相当します。例えば, 微分方程式 (1.1) と初期条件 $M(0) = M_0$ から (1.4) が得られるのですが, このように微分方程式の解を見つけることは, 「今後 $M(t)$ の値がどのように推移していくのかがわかる」 ことになり, 少々大げさですが 「未来を予測することができる」 ことにもなります。未来の予測が重要でないはずがありませんから, このような大切な情報を与えてくれる微分方程式論は数学にとどまらず, 自然科学の華でもあるのです。

1.2　簡単な微分方程式の解法

　微分方程式の中には, 解を求められるものがあります。ということは, 解を求めることが困難なものもあるのですが, ここでは解を求められるいくつかの微分方程式に対し, その基礎的な方法を説明しましょう。

1.2.1　変数分離形

　y を x の関数とするとき,

$$\frac{dy}{dx} = P(x)Q(y)$$

の形で表される微分方程式は変数分離形であるといいます。変数分離形である微分方程式は原則として,

$$\int \frac{1}{Q(y)} \, dy = \int P(x) \, dx$$

を計算することで解が得られます。

▶▶例題 1 − 1 ▶▶

　x の関数 $y = y(x)$ が微分方程式

$$\frac{dy}{dx} = 3x^2 y \qquad \qquad \cdots\cdots ①$$

および $y(0) = 1$ を満たすとき, y を求めよ。

　まず, 少々荒っぽいですが次のように微分方程式 ① を解くことができます。

✏️解　答　1

　① の x と y を分離する。すなわち, y は左辺, x は右辺になるように x と y を移動すると

$$\frac{1}{y} \, dy = 3x^2 \, dx$$

よって,

$$\int \frac{1}{y}\,dy = \int 3x^2\,dx$$

$$\therefore \quad \log|y| = x^3 + C_1 \qquad (C_1 \text{ は定数})$$

$$|y| = e^{x^3+C_1}$$

$$\therefore \quad y = \pm e^{x^3+C_1}$$

$$= \pm e^{C_1} \cdot e^{x^3}$$

ここで, $C_2 = \pm e^{C_1}$ とおくと

$$y = C_2 e^{x^3} \qquad\qquad\qquad \cdots\cdots ②$$

と表すことができる。このとき, $e^{C_1} > 0$ であるから, C_2 は 0 以外の実数であるが, ② に $C_2 = 0$ を代入した $y = 0$ も ① を満たすので ② の C_2 は任意の実数としてよい。さらに, $x = 0$ のとき $y = 1$ であることから, $x = 0,\ y = 1$ を ② に代入して $C_2 = 1$ を得る。したがって,

$$y = e^{x^3}$$ 答

が与えられた微分方程式の解である。

注

C_2 を任意の実数とするときの ② が微分方程式 ① の一般解である。

次に, この微分方程式をもう少し丁寧に解いてみると次のようになります。

 解 答 2

$y \neq 0$ のとき ① より

$$\frac{1}{y}\frac{dy}{dx} = 3x^2$$

である。この両辺を x で 0 から x まで積分すると

$$\int_0^x \frac{1}{y} \frac{dy}{dx}\,dx = \int_0^x 3x^2\,dx \qquad\qquad \cdots\cdots ③$$

ここで, ③ の左辺には置換積分法を用いると

$$\int_0^x \frac{1}{y} \frac{dy}{dx}\,dx = \int_{y(0)}^{y(x)} \frac{1}{y}\,dy$$

$$= \Big[\, \log|\,y\,| \,\Big]_{y(0)}^{y(x)} \quad (y(0)=1\ \text{より})$$

$$= \Big[\, \log|\,y\,| \,\Big]_{1}^{y(x)} \quad (y(x)>0\ \text{より}\ \text{注})$$

$$= \log y(x)$$

また, ③ の右辺は

$$\int_0^x 3x^2\,dx = x^3$$

となるので, ③ より

$$\log y(x) = x^3$$

すなわち,

$$y(x) = e^{x^3} \qquad\qquad\qquad\qquad 答$$

が得られる。

(1)　定積分 $\displaystyle\int_{y(0)}^{y(x)} \frac{1}{y}\,dy$ は $y(x)$ と $y(0)$ が同符号の場合のときに限り定義される。したがって, $y(0)=1>0$ であるから $y(x)>0$ である。

(2)　$y(x) = e^{x^3}$ はつねに $y(x)>0$ である。したがって, x をどこまで延長しても $y=0$ となることはない。

　　解答1では乱暴 (?) に x と y を振り分けて解を求めましたが, 普段はこのような解き方でも許されるようなので, 以後は解答1のように微分方程式を解くことにします。

1.2.2　基本的な微分方程式とその解

まず, 基本的な微分方程式

$$\frac{dy}{dx} = ky \quad (k \text{ は定数})$$

の解を求めてみましょう。この微分方程式は変数分離形ですから

$$\int \frac{1}{y}\, dy = \int k\, dx$$

より

$$\log |y| = kx + C_1$$

$$|y| = e^{kx+C_1}$$

$$= e^{kx} \cdot e^{C_1}$$

$$\therefore \quad y = \pm e^{C_1} e^{kx}$$

ここで, $C = \pm e^{C_1}$ とおくと $C \neq 0$ であり,

$$y = Ce^{kx}$$

と表されます。ところで, $y = 0$ ももとの微分方程式を満たすので $C = 0$ でも構いません。したがって, 次の事実がわかりました。

【微分方程式の基本公式 (1)】

微分方程式 $\dfrac{dy}{dx} = ky$ (k は定数) の解は

$$y = Ce^{kx}$$

である。ただし, C は任意定数である。

今後, この事実は特に説明しないで用いていくことにします。

【例】

微分方程式 $\dfrac{dy}{dx} = 3y$ の解は

$$y = Ce^{3x} \quad (C \text{ は任意定数})$$

である。さらに, $y(0) = 2$ であれば,

$$y = 2e^{3x}$$

である。

次に, $\dfrac{dy}{dx}$ が y の 1 次関数で表される場合, すなわち, 微分方程式

$$\frac{dy}{dx} = ay + b \quad (a, b \text{ は定数}, a \neq 0)$$

の解を求めましょう。

まず, 微分方程式を

$$\frac{dy}{dx} = a\left(y + \frac{b}{a}\right)$$

とします。ここで, $\dfrac{dy}{dx} = \dfrac{d}{dx}\left(y + \dfrac{b}{a}\right)$ であることに注目すると

$$\frac{d}{dx}\left(y + \frac{b}{a}\right) = a\left(y + \frac{b}{a}\right)$$

となる (すなわち, 導関数が自分自身の定数倍) ので, 微分方程式の基本公式 (1) より

$$y + \frac{b}{a} = Ce^{ax} \quad (C \text{ は任意定数})$$

$$\therefore \quad y = -\frac{b}{a} + Ce^{ax}$$

が得られます。

例

微分方程式 $y' = 3y + 6$ の解は

$$y' = 3(y + 2)$$
$$\therefore \quad (y + 2)' = 3(y + 2)$$
$$\therefore \quad y + 2 = Ce^{3x}$$
$$\therefore \quad y = -2 + Ce^{3x}$$

である。さらに, $x = 0$ のとき $y = 5$ であれば $C = 7$ であるから

$$y = -2 + 7e^{3x}$$

である。

1.3 雨滴の落下速度

この章の最後に, 先ほど説明した微分方程式 (1.2), すなわち

$$m\frac{dv}{dt} = mg - kv \tag{1.2}$$

の解を求めてみましょう。$k \neq 0$, $m \neq 0$ ですから (1.2) は

$$\frac{dv}{dt} = -\frac{k}{m}\left(v - \frac{mg}{k}\right)$$

のように変形できます。これは「$y' = ay + b$ 型」ですから左辺を

$$\frac{d}{dt}\left(v - \frac{mg}{k}\right) = -\frac{k}{m}\left(v - \frac{mg}{k}\right)$$

のように変形することで

$$v - \frac{mg}{k} = Ce^{-\frac{k}{m}t}$$
$$\therefore \quad v = \frac{mg}{k} + Ce^{-\frac{k}{m}t} \tag{1.5}$$

が得られます。ここで, 雨滴が雲から落ちた時間を $t = 0$ とおくと, $t = 0$ のと

き $v = 0$ ですから $C = -\dfrac{mg}{k}$ となり, (1.5) は

$$v = \frac{mg}{k}\left(1 - e^{-\frac{k}{m}t}\right) \tag{1.6}$$

と表せます。さらに (1.6) より

   (a) $t = 0$ のとき　$\dfrac{dv}{dt} = g$

   (b) $\displaystyle\lim_{t \to \infty} v = \dfrac{mg}{k}$

であることに注意して (1.6) のグラフをかくと次のようになります。

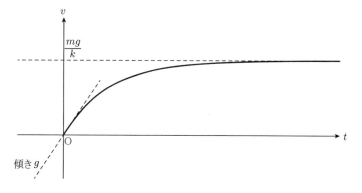

これは, 時間とともに雨滴の速度がどのように変化したかを表したものですが, (a) より雨滴が落ちた瞬間は自由落下 (加速度が g) をし, 時間が十分に過ぎたときには速さ $\dfrac{mg}{k}$ で等速運動をしていることがここからも読み取れます。

ところで, 高校物理では空気抵抗は「物体の速さに比例する」と習うようですが, 実は速さが速くなると今度は (空気抵抗は) 速さの 2 乗に比例します。これは, 空気抵抗を R とおくと

$$R = pv + qv^2 \qquad (p, q \text{ は正の定数})$$

のような式で表せると考えるとよいでしょう。つまり v が小さいときは v^2 は v に比べて非常に小さいわけですから $R \fallingdotseq pv$ と表せて, v が大きいときは v に比べて v^2 が非常に大きいわけですから $R \fallingdotseq qv^2$ と表せるのです。それでは,

今度は空から雨ではなくて氷 (ひょう) が落ちてきたと考えて微分方程式 (1.2) のかわりに

$$m\frac{dv}{dt} = mg - lv^2 \tag{1.7}$$

(ただし, l, m は正の定数) を考え, この方程式の解を求めてみましょう。 $\alpha = \sqrt{\dfrac{mg}{l}}$ とおくと (1.7) は

$$\frac{dv}{dt} = -\frac{l}{m}(v^2 - \alpha^2)$$

となるので,

$$\int \frac{dv}{v^2 - \alpha^2} = -\frac{l}{m}\int dt \tag{1.8}$$

となります。ここで, (1.8) の左辺は

$$\int \frac{dv}{v^2 - \alpha^2} = \frac{1}{2\alpha}\int \left(\frac{1}{v-\alpha} - \frac{1}{v+\alpha}\right) dv$$

$$= \frac{1}{2\alpha}(\log|v-\alpha| - \log|v+\alpha|) + C_1$$

$$= \frac{1}{2\alpha}\log\left|\frac{v-\alpha}{v+\alpha}\right| + C_1 \qquad (C_1 \text{ は定数})$$

一方 (1.8) の右辺は

$$-\frac{l}{m}\int dt = -\frac{l}{m}t + C_2 \qquad (C_2 \text{ は定数})$$

となるので, (1.8) より

$$\frac{1}{2\alpha}\log\left|\frac{v-\alpha}{v+\alpha}\right| + C_1 = -\frac{l}{m}t + C_2$$

となり, ここから

$$\frac{v-\alpha}{v+\alpha} = Ce^{-\frac{2\alpha l}{m}t} \qquad (C \text{ は定数})$$

と表すことができ, さらに $t = 0$ のとき $v = 0$ とすると

$$\frac{v-\alpha}{v+\alpha} = -e^{-\frac{2\alpha l}{m}t}$$

となり, これを v について解くと

$$v = \sqrt{\frac{mg}{l}} \frac{1 - e^{-kt}}{1 + e^{-kt}} \qquad \left(k = 2\sqrt{\frac{gl}{m}} \right)$$

となります。これが, v を t で表した式ですが, 空気抵抗が速さに比例する場合と比べると, 分母に $1 + e^{-kt}$ があるところが違います。

　この v を表す t の関数のグラフは次のようになります。

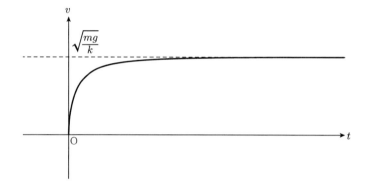

第2章　ばねばかりの重りはなぜ単振動するのか

　前章では，自然界における法則の多くは微分方程式の形で現れることに触れました。本章では，その1つの例としてばねの運動を取り上げてみます。

　ばねに重りをつけ静かに手を離したとき，重りが静止したとします。この位置を (この重りに対する)「つり合いの位置」とよびます。ばねはここでは鉛直方向にのみ運動をするものとします。ばねにつけた重りについては一般につり合いの位置からの変位が小さいとき，変位に比例してつり合いの位置に戻ろうとする力が働くことが知られています (フックの法則)。したがって，ばねにつけた重りのつり合いの位置からの時刻 t (≥ 0) における変位を $x(t)$，重りの質量を m で表すと，

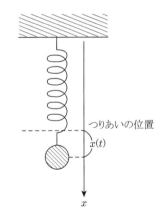

つりあいの位置
$x(t)$

x

$$m\frac{d^2 x(t)}{dt^2} = -kx(t) \qquad (2.1)$$

$$(k \text{ は正の比例定数})$$

が成り立ちます。(空気抵抗等は無視しています。)

　これがばねにつけられた重りの運動を表す微分方程式ですが，この式から重りがどのような運動をするのかを数学的に考察してみることにしましょう。

2.1 微分方程式 (2.1) を解く

　微分方程式 (2.1) は未知の関数 $x(t)$ とその 2 階の導関数 $\dfrac{d^2x(t)}{dt^2}$ の関係を表しているもので, このような方程式は 2 階の微分方程式といいます。これは, 前章で説明した「変数分離形」とは異なるので前章のような方法で解を求めることはできません。以下, 簡単のため $\dfrac{dx}{dt}=x'(t), \dfrac{d^2x}{dt^2}=x''(t)$ のように表すことにします。

　微分方程式 (2.1) は

$$mx''(t)=-kx(t)$$

と表せるので, 両辺を m で割って

$$x''(t)=-\frac{k}{m}x(t)$$

となります。ここで両辺に $x'(t)$ をかけると

$$x''(t)x'(t)=-\frac{k}{m}x(t)x'(t) \tag{2.2}$$

となりますが,

$$\{(x'(t))^2\}'=2x'(t)x''(t)$$
$$\therefore \quad x'(t)x''(t)=\left\{\frac{1}{2}(x'(t))^2\right\}'$$
$$\{(x(t))^2\}'=2x(t)x'(t)$$
$$\therefore \quad x(t)x'(t)=\left\{\frac{1}{2}(x(t))^2\right\}'$$

であることから, (2.2) は

$$\left\{\frac{1}{2}(x'(t))^2\right\}'=-\frac{k}{m}\left\{\frac{1}{2}(x(t))^2\right\}'$$

と表すことができるので, 両辺を積分して

$$\frac{1}{2}(x'(t))^2=-\frac{k}{m}\cdot\frac{1}{2}(x(t))^2+C_1 \qquad (C_1 \text{ は定数}) \tag{2.3}$$

が成り立ちます。これはさらに $2C_1 = C_2$ とおくと

$$(x'(t))^2 + \frac{k}{m}(x(t))^2 = C_2 \tag{2.4}$$

と表せます。ここで, C_2 の値についてですが, (2.4) の左辺の値について考えれば, $C_2 \geq 0$ であることがわかり, さらに, $t = 0$ のとき重りがつりあいの位置で静止していない (すなわち, $x(0) = 0$ かつ $x'(0) = 0$ ではない) とここから先は仮定することにすると ($x(0) = 0$, $x'(0) = 0$ のときは, 任意の $t(> 0)$ に対して $x(t) = 0$ となる), $C_2 > 0$ となります。そこで, $C_2 = R^2$ ($R > 0$) とおくと (2.4) は

$$(x'(t))^2 + \left(\sqrt{\frac{k}{m}}x(t)\right)^2 = R^2 \tag{2.5}$$

と表せます。

一般に $x^2 + y^2 = R^2$ ($R > 0$) を満たす実数 x, y は

$$x = R\cos\theta, \ y = R\sin\theta \tag{2.6}$$

と表すことができます。(2.5) の場合 (2.6) の x, y に相当するものは t の関数なので, $x'(t)$, $\frac{k}{m}x(t)$ については (2.6) のような定数 θ ではなく t の関数 $\theta(t)$ を用いて ($\theta(t)$ も未知関数です)

$$x'(t) = R\cos\theta(t) \tag{2.7}$$

$$\sqrt{\frac{k}{m}}x(t) = R\sin\theta(t) \tag{2.8}$$

と表すことができます。さて, まず $\theta(t)$ を求めたいのですが, それには (2.8) の両辺を t で微分して

$$\sqrt{\frac{k}{m}}x'(t) = R\{\cos\theta(t)\}\theta'(t)$$

これに (2.7) を用いて

$$\sqrt{\frac{k}{m}}R\cos\theta(t) = R\{\cos\theta(t)\}\theta'(t)$$

$$\therefore \quad \theta'(t) = \sqrt{\frac{k}{m}}$$

$$\therefore \quad \theta(t) = \sqrt{\frac{k}{m}}\,t + C_3 \qquad (C_3 \text{ は定数})$$

これを (2.8) に代入して

$$\sqrt{\frac{k}{m}}\,x(t) = R\sin\left(\sqrt{\frac{k}{m}}\,t + C_3\right)$$

$$\therefore \quad x(t) = \sqrt{\frac{m}{k}}\,R\sin\left(\sqrt{\frac{k}{m}}\,t + C_3\right)$$

となります。最後に $A = \sqrt{\dfrac{m}{k}}\,R,\ B = C_3$ とおきなおすと

$$x(t) = A\sin\left(\sqrt{\frac{k}{m}}\,t + B\right) \tag{2.9}$$

のように表すことができます。

　これで, ばねの重りの運動は三角関数を用いた形で表されることがわかりました。また, (2.9) には任意定数 $A,\ B$ がありますが, このように 2 階の微分方程式は 1 階の微分方程式とは異なり, その一般解は任意定数を 2 個含みます。したがって, 特殊解を求める際には $x(0)$ だけでなく $x'(0)$ の値などの 2 つの条件が必要になります。

(2.3) を次のように変形していきます。

$$\frac{1}{2}(x'(t))^2 + \frac{1}{2}\frac{k}{m}(x(t))^2 = C_1$$

両辺に m をかけると

$$\frac{1}{2}m(x'(t))^2 + \frac{1}{2}k(x(t))^2 = mC_1$$

ここで, 時刻 t における重りの速度を $v(t)$ とおくと $x'(t) = v(t)$ より

$$\frac{1}{2}m(v(t))^2 + \frac{1}{2}k(x(t))^2 = mC_1\ (= \text{一定})$$

となりますが, 左辺の $\frac{1}{2}m(v(t))^2$ はおもりの運動エネルギーを表し, $\frac{1}{2}k(x(t))^2$ はば
ねに蓄えられたエネルギーを表しますので, この式は 2 つのエネルギーの和が時間に関
係なく一定であること, すなわち**エネルギー保存の法則**を表していることになります。こ
のようにエネルギー保存の法則は微分方程式 (2.1) (すなわちフックの法則) から導かれ
る事実であることなのです。

2.2　微分方程式 (2.1) の解に関する補足

さて, (2.9) より微分方程式 $x''(t) = -\dfrac{k}{m}x(t)$ の解は

$$x(t) = A\sin\left(\sqrt{\frac{k}{m}}\,t + B\right)$$

の形で与えられることがわかりました。ここで, $\dfrac{k}{m} > 0$ であるので, この値を
ω^2 $(\omega > 0)$ とおく, すなわち

$$\omega = \sqrt{\frac{k}{m}}$$

とおくと, 微分方程式 $x''(t) = -\dfrac{k}{m}x(t)$ は

$$x''(t) = -\omega^2 x(t)$$

と表され, この解は

$$x(t) = A\sin(\omega t + B)$$

と表されます。最後の式は, 加法定理を用いて展開すると

$$x(t) = A(\sin\omega t\cos B + \cos\omega t\sin B)$$

$A\cos B = A_1, A\sin B = A_2$ とおくと

$$x(t) = A_1\sin\omega t + A_2\cos\omega t$$

の形で表すことができます。

ここまでの話をまとめておくと次のようになります。

$\omega > 0$ のとき，微分方程式 $x''(t) = -\omega^2 x(t)$ の一般解は

$$x(t) = A\sin(\omega t + B)$$

あるいは

$$x(t) = A_1 \sin \omega t + A_2 \cos \omega t$$

のように表すことができる。ただし，A, B, A_1, A_2 は定数である。

微分方程式 $x''(t) = -\omega^2 x(t)$ の解 $x(t) = A\sin(\omega t + B)$ の周期は 2π の $\dfrac{1}{\omega}$ 倍，すなわち $\dfrac{2\pi}{\omega}$ です。すなわち，この微分方程式からは，重りの運動の振幅の幅などはわかりませんが，運動の周期だけは決定します。

例

y を x の関数として，微分方程式 $y'' = -4y$ の一般解は $(\sqrt{4} = 2$ より$)$

$$y = A\sin(2x + B) \quad (A, B \text{ は任意定数})$$

である。

2.3　空気抵抗のある場合についての考察

次に，空気抵抗などの抵抗がある場合のばねの重りの運動について考えましょう。前章の 1.3 でも出てきましたが，この場合は重りの速さに比例した空気抵抗が速度の向きとは逆向きにかかるものとしましょう。このとき，適当な正の定数を用いて重りの運動は

$$m\frac{d^2x(t)}{dt^2} = -kx(t) - l\frac{dx}{dt} \tag{2.10}$$

と表せます。先ほどと同様に $\dfrac{d^2x}{dt^2} = x''(t)$, $\dfrac{dx}{dt} = x'(t)$ を用いて表せば (2.10) は

$$mx''(t) = -kx - lx'(t)$$

$$\therefore \quad x''(t) = -\frac{k}{m}x(t) - \frac{l}{m}x'(t)$$

となり, $K = \dfrac{k}{m}, L = \dfrac{l}{m}$ とおくと

$$x''(t) = -Kx(t) - Lx'(t) \tag{2.11}$$

となります。ここから先は K, L の関係により解の形が変わってきます。ここで,

$$\lambda^2 + L\lambda + K = 0 \tag{2.12}$$

の 2 解を α, β とおいておきます。

(i)　$L^2 - 4K > 0$ のとき

　　この場合は α, β は異なる 2 つの負の実数で (2.11) は次のように変形できます。

　　2 次方程式の解と係数の関係より $K = \alpha\beta, L = -(\alpha + \beta)$ であるから

$$x''(t) = -\alpha\beta x(t) + (\alpha + \beta)x'(t)$$

$$(x'(t) - \alpha x(t))' = \beta(x'(t) - \alpha x(t))$$

これは, 前章にも現れた $y' = ky$ 型の微分方程式ですから

$$x'(t) - \alpha x(t) = C_1 e^{\beta t} \tag{2.13}$$

となり, この微分方程式については少し難しいのですが, 両辺に $e^{-\alpha t}$ をかけて

$$e^{-\alpha t}x'(t) - \alpha e^{-\alpha t}x(t) = C_1 e^{-\alpha t}e^{\beta t}$$

$$\left(e^{-\alpha t}x(t)\right)' = C_1 e^{(\beta-\alpha)t}$$

両辺を積分して

$$e^{-\alpha t}x(t) = \frac{C_1}{\beta-\alpha}e^{(\beta-\alpha)t} + C_2$$

$$\therefore \quad x(t) = \frac{C_1}{\beta-\alpha}e^{\beta t} + C_2 e^{\alpha t}$$

ここで, $A_1 = C_2$, $A_2 = \dfrac{C_1}{\beta-\alpha}$ とおくとこの解は

$$x(t) = A_1 e^{\alpha t} + A_2 e^{\beta t}$$

と表せます。また, $\alpha < 0$, $\beta < 0$ であるので, $x(0) = 1$, $x'(0) = 0$ の場合,
この関数のグラフは次のような形状になります。

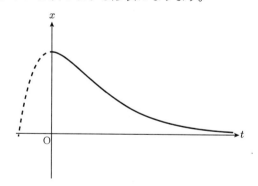

(ii)　$L^2 - 4K = 0$ のとき

　　この場合は $\alpha = \beta$ (< 0) であるので (i) の (2.13) の部分は

$$x'(t) - \alpha x(t) = C_1 e^{\alpha t}$$

となります。先ほどと同様に両辺に $e^{-\alpha t}$ をかけて

$$\left(e^{-\alpha t}x(t)\right)' = C_1$$

となり, 両辺を積分して

$$e^{-\alpha t}x(t) = C_1 t + C_2$$

$$\therefore \quad x(t) = (C_1 t + C_2)e^{\alpha t}$$

が得られます。$x(0) = 1$, $x'(0) = 0$ とすると，この関数のグラフは例えば次のようになります。

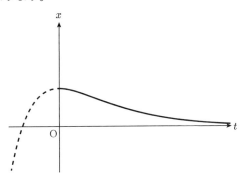

(iii) $L^2 - 4K < 0$ のとき

この場合は α, β は互いに共役な複素数になるので

$$\alpha = p + qi, \ \beta = p - qi \quad (p, q \text{ は実数}, q \neq 0)$$

とおくことができて，このとき

$$L = -(\alpha + \beta) = -2p \quad (L > 0 \text{ より } p < 0 \text{ となる})$$
$$K = \alpha\beta = p^2 + q^2$$

となるので (2.11) は

$$x''(t) = 2px'(t) - (p^2 + q^2)x(t)$$
$$x''(t) - 2px'(t) + p^2 x(t) = -q^2 x(t)$$

両辺に e^{-pt} をかけて

$$e^{-pt}(x''(t) - 2px'(t) + p^2 x(t)) = -q^2 e^{-pt} x(t)$$
$$\therefore \quad \{e^{-pt} x(t)\}'' = -q^2 e^{-pt} x(t)$$

ここで，「$x''(t) = -\omega^2 x(t) \Rightarrow x(t) = A\sin(\omega t + B)$」より

$$e^{-pt}x(t) = A\sin(qt + B)$$

$$\therefore \quad x(t) = Ae^{pt}\sin(qt + B) \quad (A, B \text{ は定数})$$

と表せます。$p < 0$ であることも考えて，$x(0) = 1$, $x'(0) = 0$ のとき，この関数のグラフは次のようになります。

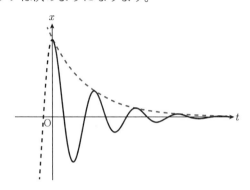

　さて，抵抗のある場合の重りの運動は $L^2 - 4K$ の正負によって (i), (ii), (iii) の場合があることがわかりました (実際は (i) と (ii) の重りの動きは区別しにくい)。この $L^2 - 4K$ は

$$L^2 - 4K = \left(\frac{l}{m}\right)^2 - 4 \cdot \frac{k}{m}$$

$$= \frac{l^2 - 4km}{m^2}$$

ですから，ばね定数 k の値が小さいほど，そして抵抗定数 l の値が大きいほど大きくなる値です。したがって，微分方程式の解の考察から次のようにまとめることができます。

(I)　$l^2 - 4km \geq 0$ の場合

　　これは，ばね定数が小さい (弱いばね)，または，抵抗が大きい場合 (例えば，粘性の大きい液体の中でばねを動かした場合) と考えられます。

　　この場合は，重りはつりあいの位置にゆっくりと向かい，つりあいの位

置を通り過ぎるようなことはありません。

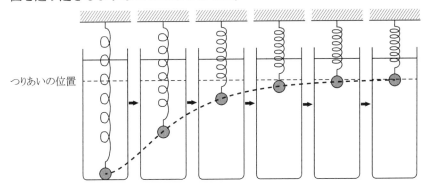

(II)　$l^2 - 4km < 0$ の場合

　これは, ばね定数が大きい (強いばね), または, 抵抗が小さい場合 (例え
ば空気中など) と考えられます。

　この場合は, 重りはつりあいの位置のまわりを減衰振動しながらつりあ
いの位置に近づきます。

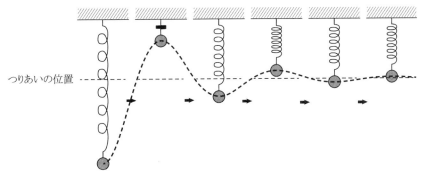

このように, $l^2 - 4km$ の正負によって, 物体の運動の様子が大きく異なります。

第3章　なぜ, 惑星は楕円軌道を描くのか

太陽系には地球を含む 8 つの惑星があります[1]が, これらはすべて焦点の 1 つが太陽である楕円軌道を描いています[2]。これらの惑星の運動を支配するのは万有引力の法則, すなわち 2 物体の質量を m_1, m_2 とし, 2 物体間の距離を r とするとこれらの物体に働く力 F は

$$F = \frac{Gm_1 m_2}{r^2} \quad (G \text{ は万有引力定数})$$

であることですが, ここから惑星が楕円軌道を描くことが説明できます。これが本章の目標です。

3.1　楕円の極方程式

楕円の運動を説明するためには xy 座標, あるいは xyz 座標などの直交座標系よりは極座標を用いた方が便利なので, まず楕円の極座標上での方程式, すなわち, 楕円の極方程式を求めておきましょう。

長軸が x 軸上にあり, 焦点の 1 つが原点 O 上のある楕円を

$$C : \frac{(x+c)^2}{a^2} + \frac{y^2}{b^2} = 1 \quad (a > b > 0, c = \sqrt{a^2 - b^2}) \tag{3.1}$$

---

[1] 冥王星は現在は準惑星として扱い, 惑星としてカウントしませんが, この章では参考までに冥王星のデータも扱うことにします。

[2] 正確には, 楕円軌道で「近似できる」です。木星は他の惑星に比べ質量が大きく, 太陽と木星の重心は太陽の外にあります。

とおくとき，この楕円 C の極方程式を考えましょう。ここで，極は xy 平面上の原点 O であり，始線は x 軸の正の部分であるとします。

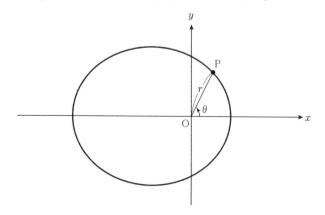

さて，C 上の任意の点 P の極座標を (r, θ) $(r > 0$ ◆注◆(1)) とおきます。このときの r と θ の関係が楕円の極方程式です。ここで，P の xy 座標は $(r\cos\theta, r\sin\theta)$ ですから，これを楕円の方程式 (3.1) に代入すると

$$\frac{(r\cos\theta + c)^2}{a^2} + \frac{(r\sin\theta)^2}{b^2} = 1$$
$$b^2(r\cos\theta + c)^2 + a^2(r\sin\theta)^2 = a^2 b^2$$
$$(b^2\cos^2\theta + a^2\sin^2\theta)r^2 + (2b^2 c\cos\theta)r + b^2 c^2 - a^2 b^2 = 0 \tag{3.2}$$

ここで，$a^2 - b^2 = c^2$ に注意すると，(3.2) の

$$
\begin{aligned}
(r^2 \text{ の係数}) &= b^2\cos^2\theta + a^2(1 - \cos^2\theta) \\
&= a^2 - (a^2 - b^2)\cos^2\theta \\
&= a^2 - c^2\cos^2\theta \\
&= (a + c\cos\theta)(a - c\cos\theta)
\end{aligned}
$$

$$
\begin{aligned}
(\text{定数項}) &= b^2 c^2 - a^2 b^2 = -b^2(a^2 - c^2) \\
&= -b^4
\end{aligned}
$$

となるから (3.2) は

$$(a + c\cos\theta)(a - c\cos\theta)r^2 + (2b^2 c\cos\theta)r - b^4 = 0$$

$$\{(a + c\cos\theta)r - b^2\}\{(a - c\cos\theta)r + b^2\} = 0$$

$r > 0$ も考えて

$$r = \frac{b^2}{a + c\cos\theta}$$

が得られます。さらに，右辺の分母分子を a で割って

$$r = \frac{\dfrac{b^2}{a}}{1 + \dfrac{c}{a}\cos\theta}$$

とし，$d = \dfrac{b^2}{a}$ とおき，$e\left(= \dfrac{c}{a}\right)$ を離心率とするとこの式は

$$r = \frac{d}{1 + e\cos\theta} \tag{3.3}$$

と表せます。これが楕円の極方程式です。

1°　楕円の場合は内部の点を極にとっているので $r > 0$ であるとしてもかまいません。

2°　(3.3) は楕円の「右側」の焦点を極に取った場合ですが，「左側」の焦点を極にとると，極方程式は，$r = \dfrac{d}{1 - e\cos\theta}$ になります。

3°　楕円の離心率は $0 < e < 1$ です。放物線の離心率は $e = 1$，双曲線の場合は $e > 1$ ですが，この場合もそれぞれの曲線の極方程式は (3.3) の形で表せます。

3.2　楕円の運動を表す微分方程式

太陽を S，惑星の 1 つを P とします。ところで，太陽の質量は地球の 330000 倍であり，一方で最も質量の大きい惑星である木星でも地球の 317.8 倍程度で，これは太陽の質量の $\dfrac{317.8}{330000} \fallingdotseq 0.000963$ 倍です。したがって，太陽と惑星の運動を考えるときは，その重心は限りなく太陽の近くに存在し，太陽の位置はほと

んど変化しないので太陽は「定点」と考えてよいことになります。

さて, 以下, 太陽の質量を M, 惑星 P の質量を m とし, 太陽を極とする時刻 t における P の極座標を $(r(t), \theta(t))$ と表すことにします。さらに P には太陽からの引力以外の力は働いておらず, しかも P は SP 方向には運動はしていないものとします。また, P の時刻 t における速度を $\overrightarrow{v(t)}$ とし, $\overrightarrow{v(t)}$ の $\overrightarrow{\mathrm{SP}}$ 向きの速度を v_r, θ 方向 (すなわち, $\overrightarrow{\mathrm{SP}}$ を $\dfrac{\pi}{2}$ だけ回転させた向き) の速度を v_θ と表すことにします。

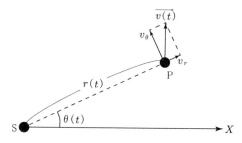

このような状況のもとで, r 方向と θ 方向に注目すると次のような式が成り立ちます。

[1] r 方向

P には $\overrightarrow{\mathrm{PS}}$ の向きに引力 $\dfrac{GMm}{r^2}$ が働き, また, S と遠ざかる向きに遠心力 $m\dfrac{v_\theta^2}{r}$ が働くので

$$m\frac{d^2 r}{dt^2} = -\frac{GMm}{r^2} + m\frac{v_\theta^2}{r} \tag{3.4}$$

が成り立ちます。

[2] θ 方向

P には θ 方向には力が働かないので, 角運動量が保存されます。したがって,

$$mrv_\theta = h \quad (h \text{ は定数}) \tag{3.5}$$

と表せます。

　さて, ここでは, r と θ は t の関数ですが, P が楕円を描くことを示すには, r を「θ の関数」と考えて, $r = f(\theta)$ の形で表し, そのとき $f(\theta) = \dfrac{d}{1 + e \cos\theta}$ の形で表されることを示さなくてはなりません。

　まず, $v_\theta = r\dfrac{d\theta}{dt}$ ですから, これを (3.4) に代入すると

$$m\frac{d^2r}{dt^2} = -\frac{GMm}{r^2} + mr\left(\frac{d\theta}{dt}\right)^2$$

となり, 両辺を m で割って

$$\frac{d^2r}{dt^2} = -\frac{GM}{r^2} + r\left(\frac{d\theta}{dt}\right)^2$$

とします。さらに両辺に $\dfrac{dr}{dt}$ をかけて両辺を積分すると

$$\int \frac{dr}{dt} \cdot \frac{d^2r}{dt^2}\,dt = \int \left\{-\frac{GM}{r^2} + r\left(\frac{d\theta}{dt}\right)^2\right\}\frac{dr}{dt}\,dt \tag{3.6}$$

となります。ここで,

[(3.6) の左辺]

$$\frac{d}{dt}\left(\frac{dr}{dt}\right)^2 = 2\frac{dr}{dt}\cdot\frac{d^2r}{dt^2} \text{ ですから}$$

$$((3.6)\text{ の左辺})= \int \frac{1}{2}\cdot\frac{d}{dt}\left(\frac{dr}{dt}\right)^2 dt$$

$$= \frac{1}{2}\left(\frac{dr}{dt}\right)^2 + C_1$$

となります (C_1 は積分定数)。

[(3.6) の右辺]

　(3.5) と $v_\theta = r\dfrac{d\theta}{dt}$ より

$$mr\cdot r\frac{d\theta}{dt} = h$$

$$\therefore \quad \frac{d\theta}{dt} = \frac{h}{mr^2} \tag{3.7}$$

であるので,

$$
((3.6) \text{ の右辺}) = \int \left\{ -\frac{GM}{r^2} + r\left(\frac{h}{mr^2}\right)^2 \right\} dr
$$

$$
= \int \left(-\frac{GM}{r^2} + \frac{h^2}{m^2 r^3} \right) dr
$$

$$
= \frac{GM}{r} - \frac{h^2}{2m^2 r^2} + C_2
$$

となります (C_2 は積分定数)。

以上より (3.6) は

$$
\frac{1}{2}\left(\frac{dr}{dt}\right)^2 + C_1 = \frac{GM}{r} - \frac{h^2}{2m^2 r^2} + C_2
$$

$$
\left(\frac{dr}{dt}\right)^2 = \frac{2GM}{r} - \frac{h^2}{m^2 r^2} + C_3 \qquad (C_3 = 2(C_2 - C_1))
$$

となり, 両辺を $\left(\dfrac{d\theta}{dt}\right)^2 = \left(\dfrac{h}{mr^2}\right)^2$ ($\because$ (3.7)) で割ると

$$
\frac{\left(\dfrac{dr}{dt}\right)^2}{\left(\dfrac{d\theta}{dt}\right)^2} = \frac{\dfrac{2GM}{r} - \dfrac{h^2}{m^2 r^2} + C_3}{\left(\dfrac{h}{mr^2}\right)^2} \tag{3.8}
$$

となります。ここで,

$$
\frac{dr}{d\theta} = \frac{\dfrac{dr}{dt}}{\dfrac{d\theta}{dt}}
$$

であることに注意すると (3.8) は

$$
\left(\frac{dr}{d\theta}\right)^2 = \frac{2GMm^2}{h^2}r^3 - r^2 + \frac{C_3 m^2}{h^2}r^4
$$

となり, $k = \dfrac{GMm^2}{h^2}$, $l = \dfrac{C_3 m^2}{h^2}$ とおくと, これらは正の定数で

$$
\left(\frac{dr}{d\theta}\right)^2 = -r^2 + 2kr^3 + lr^4 \tag{3.9}
$$

と表せます。これが, 惑星 P の満たす微分方程式です。

3.3 微分方程式 (3.9) を解く

さて, それでは微分方程式 (3.9) を解いてみましょう. これは簡単な微分方程式ではないので少し工夫が必要です.

まず, (3.9) の両辺を r^4 で割ると

$$\frac{1}{r^4}\left(\frac{dr}{d\theta}\right)^2 = -\frac{1}{r^2} + \frac{2k}{r} + l$$

$$\left(\frac{1}{r^2}\cdot\frac{dr}{d\theta}\right)^2 + \frac{1}{r^2} - \frac{2k}{r} = l$$

となり, $\dfrac{1}{r^2} - \dfrac{2k}{r}$ の部分を平方完成すると

$$\left(\frac{1}{r^2}\cdot\frac{dr}{d\theta}\right)^2 + \left(\frac{1}{r} - k\right)^2 = k^2 + l \tag{3.10}$$

となります. k, l は正の定数ですから $k^2 + l$ も正の数ですので $R = \sqrt{k^2 + l}$ のように定数 R をおくと (3.10) は

$$\left(\frac{1}{r^2}\cdot\frac{dr}{d\theta}\right)^2 + \left(\frac{1}{r} - k\right)^2 = R^2$$

となるので, 前章と同様にある関数 $u(\theta)$ を用いて

$$\frac{1}{r^2}\cdot\frac{dr}{d\theta} = R\sin u(\theta) \tag{3.11}$$

および

$$\frac{1}{r} - k = R\cos u(\theta) \tag{3.12}$$

とおくことができます. ここで,

$$\frac{d}{d\theta}\frac{1}{r} = -\frac{1}{r^2}\cdot\frac{dr}{d\theta}$$

であるので, (3.11) は

$$-\frac{d}{d\theta}\frac{1}{r} = R\sin u(\theta) \tag{3.13}$$

と表せ, また, (3.12) より

$$\frac{1}{r} = k + R\cos u(\theta) \tag{3.14}$$

これを (3.13) に代入すると

$$-\frac{d}{d\theta}(k + R\cos u(\theta)) = R\sin u(\theta)$$

$$\therefore \quad (R\sin u(\theta))\frac{du}{d\theta} = R\sin u(\theta)$$

これが常に成り立つことから

$$\frac{du}{d\theta} = 1$$

$$\therefore \quad u(\theta) = \theta + C_4 \quad (C_4 \text{ は定数})$$

と表せます。これを (3.14) に代入すると

$$\frac{1}{r} = k + R\cos(\theta + C_4)$$

$$\therefore \quad r = \frac{1}{k + R\cos(\theta + C_4)}$$

$$= \frac{\dfrac{1}{k}}{1 + \dfrac{R}{k}\cos(\theta + C_4)}$$

となり, $\dfrac{1}{k} = d$, $\dfrac{R}{k} = e$ とおくと

$$r = \frac{d}{1 + e\cos(\theta + C_4)} \tag{3.15}$$

のように表せます。

ここで, e の値はこれまでの経緯より

$$e = \frac{R}{k} = \frac{\sqrt{k^2 + l}}{k}$$

$$= \sqrt{1 + \frac{l}{k^2}}$$

$$= \sqrt{1 + \frac{C_3 h^2}{G^2 M^2 m^2}}$$

です。この中で G, M, m は定数であり, C_3, h は最初の状態, すなわち時刻 0

のときの r, $\dfrac{dr}{dt}$, $\dfrac{d\theta}{dt}$ の値によって定まる定数です。$e < 1$ のときに (3.15) は楕円，$e = 1$ のときは放物線，$e > 1$ のときは双曲線を表します。例えば，初速度が十分に大きい場合は C_3, h の値は大きくなるので e の値は大きくなり惑星 (と言えるかどうかは別にして) は双曲線の軌道を描くことになり，太陽系から遠ざかっていきます。これに対し初速度が小さい場合は e の値も小さくなるので惑星は楕円軌道を描くことになります (もちろん，初速度の向き，最初の惑星の位置にもよります)。

3.4　惑星の軌道に関する補足

現在の惑星の描く軌道の e (離心率) の値は次のようになっています。

惑星	e (離心率)	平均距離
水星	0.2056	0.57
金星	0.0068	1.082
地球	0.0167	1.496
火星	0.0934	2.279
木星	0.0485	7.783
土星	0.0555	14.294
天王星	0.0463	28.75
海王星	0.0090	45.044
(冥王星)	0.2490	59.15

 注　平均距離は，太陽からの平均距離で単位は億 km。冥王星は準惑星である。

表からもわかるように，金星，地球，海王星，あるいはそれ以外のいくつかの惑星の離心率は 0 に近い値になっています。一般に楕円の離心率は 0 に近い場合

は円に近い楕円になり, 1 に近い場合はつぶれた楕円になりますから, これらの惑星の軌道はほぼ円軌道であるとしても大抵の場合は差し支えありません。実際, 金星の軌道を正確に描くと次のようになります。

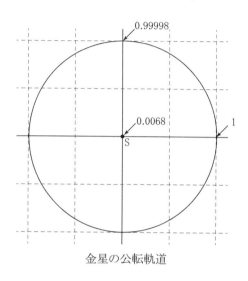

金星の公転軌道

　惑星が円に近い楕円軌道を描くには, これまでの考察だけを考えた場合, 初速度が太陽に対して垂直な方向を向いていなければなりません。すべての惑星が惑星誕生したときにこのような向きを向いていたとは考えにくく, もちろん (現在, 円に近い楕円軌道を描いている理由は) 他の要因があると考えられます。(惑星の動きを長期的に考えた場合は, 他の惑星の影響なども考慮する必要があり, その軌道は少しずつ変化します。)

　一方, 最も軌道の離心率の大きい惑星は水星です。離心率が大きいということは軌道がつぶれていることになりますが, 本によってはこれがかなり強調されているものもあり, 特に準惑星である冥王星の軌道はかなり歪んだ楕円が描かれていることもあります。この冥王星の軌道を正確にかくと次のようになっており, 実はそれほど見た目には歪んでいるようには見えません。

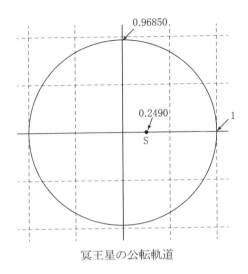

冥王星の公転軌道

　ただし, 太陽の位置 (●印) は楕円の中心から離れるので, 冥王星は太陽まで
の最短距離と最長距離の差が大きく, このため一時海王星の方が冥王星より太
陽に近くなることがあります[3]。

　なお, 離心率の大きい水星の軌道とその次に離心率の大きい火星の軌道を描
くと次の図のようになります。

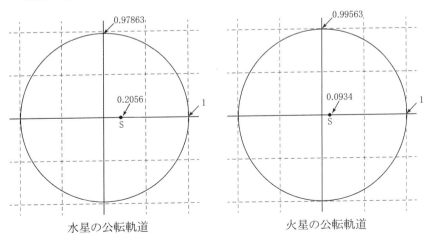

水星の公転軌道　　　　　　　　　　　火星の公転軌道

[3]近年では 1979 年から 1999 年まで。

第4章　懸垂線に関する話題

　均一な密度と一定の太さをもつひもをその両端を固定してぶら下げたときにできる曲線を懸垂線 (catenary) といいます。実際にひものかわりにクリップをつなぎあわせて懸垂線を作ってみると下の写真のようになります。

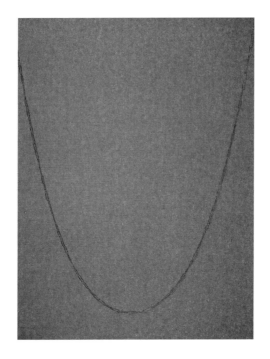

　この懸垂線はうまく座標を定めることによって，

$$y = \frac{k}{2}(e^{\frac{x}{k}} + e^{-\frac{x}{k}}) \quad (k\text{ は正の定数})$$

の形の式で表されることが知られていますが, 今回は微分方程式を利用してこの事実を証明することにします。$k = 1$ とした

$$y = \frac{e^x + e^{-x}}{2}$$

は双曲線関数などと呼ばれ $\cosh x$ と表されますが, この関数のグラフは下のようになります。

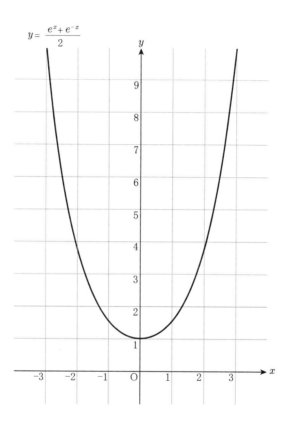

4.1　微分方程式を作る

　密度が一定であるひもをその両端が同じ高さになるように持ち, ひもの対称軸が y 軸に重なるように座標を設定する。このとき, ひもの作る曲線が

$$y = \frac{k}{2}(e^{\frac{x}{k}} + e^{-\frac{x}{k}}) + C \qquad (k, C \text{ は定数})$$

の形で表すことができることを示しましょう。

　まず, ひも作る曲線を $y = f(x)$ とし, 点 $\mathrm{P}(x, f(x))$ $(x > 0)$ にかかるひもの張力を $T(x)$, P におけるひもの接線が x 軸の正の向きとなす角を $\alpha(x)$ とおきます。

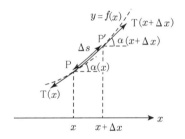

　また, 簡単のため, ひもは長さ 1 に対して重力 1 がかかるような密度であるとします。また, P と $\mathrm{P}'(x + \varDelta x, f(x + \varDelta x))$ の間のひもの長さを $\varDelta s$ とおくことにします。

　このとき, 次のようなつり合いの方程式が成り立ちます。

(i) 水平方向

　　点 P においてひもが水平方向左側に引っ張られる力 $T(x)\cos\alpha$ と点 $\mathrm{P}'(x + \varDelta x)$ においてひもが水平方向右側に引っ張られる力は等しいから,

$$T(x + \varDelta x)\cos\alpha(x + \varDelta x) - T(x)\cos\alpha(x) = 0 \tag{4.1}$$

　　が成り立ちます。

(ii) 鉛直方向

点 P において下向きに $T(x)\sin\alpha(x)$ の力がかかり, 点 P′ において上向きに

$T(x+\Delta x)\sin\alpha(x+\Delta x)$ の力がかかります。また, P と P′ の間におけるひもの長さは Δs であるので, 鉛直下向きに重力 Δs がかかります。したがって, 鉛直方向には

$$T(x+\Delta x)\sin\alpha(x+\Delta x) - T(x)\sin\alpha(x) = \Delta s \tag{4.2}$$

が成り立ちます。

さて, (4.1) の両辺を Δx で割ると

$$\frac{T(x+\Delta x)\cos\alpha(x+\Delta x) - T(x)\cos\alpha(x)}{\Delta x} = 0$$

となり, $\Delta x \to 0$ とすると

$$\frac{d}{dx}(T(x)\cos\alpha(x)) = 0$$

となるので, $T(x)\cos\alpha(x)$ は定数であるので

$$T(x)\cos\alpha(x) = k \tag{4.3}$$

とおくことにします。

一方 (4.2) の方も両辺を Δx で割ると

$$\frac{T(x+\Delta x)\sin\alpha(x+\Delta x) - T(x)\sin\alpha(x)}{\Delta x} = \frac{\Delta s}{\Delta x}$$

となり, $\Delta x \to 0$ とすると

$$\frac{d}{dx}(T(x)\sin\alpha(x)) = \frac{ds}{dx} \tag{4.4}$$

となります。ここで, (4.3) より $T(x) = \dfrac{k}{\cos\alpha(x)}$ として, これを (4.4) に代入すると $T(x)$ が消去できて

$$\frac{d}{dx}\left(\frac{k}{\cos\alpha(x)} \cdot \sin\alpha(x)\right) = \frac{ds}{dx}$$

$$\therefore \quad \frac{d}{dx}(k\tan\alpha(x)) = \frac{ds}{dx} \tag{4.5}$$

となります。ここで, $\tan\alpha(x)$ は点 P における求める曲線の接線の傾きを表しますから $z = \tan\alpha(x)$ とおくと, $z = \dfrac{dy}{dx}$ でもあります。したがって,

$$\frac{ds}{dx} = \sqrt{1 + \left(\frac{dy}{dx}\right)^2} = \sqrt{1 + z^2}$$

であるので, (4.5) は

$$\frac{d}{dx}(kz) = \sqrt{1 + z^2} \tag{4.6}$$

となり, $z\left(= \dfrac{dy}{dx}\right)$ に関する微分方程式ができます。

4.2　微分方程式を解く

微分方程式 (4.6) を解いて z を求めれば $\dfrac{dy}{dx}$ がわかるので, 求める関数 y もわかることになります。(4.6) は変数分離型の微分方程式ですから,

$$k\frac{dz}{dx} = \sqrt{1 + z^2}$$
$$\int \frac{dz}{\sqrt{1 + z^2}} = \int \frac{1}{k}\, dx \tag{4.7}$$

と変形します。ここで, C_1, C_2 を積分定数として, 左辺は

$$\int \frac{dz}{\sqrt{1 + z^2}} = \log(z + \sqrt{1 + z^2}) + C_1$$

右辺は,

$$\int \frac{1}{k}\, dx = \frac{1}{k}x + C_2$$

となるので (⇒ 注), (4.7) は

$$\log(z + \sqrt{1 + z^2}) = \frac{x}{k} + C_3 \qquad (C_3 = C_2 - C_1) \tag{4.8}$$

となります。ここで, ひもの表す曲線が y 軸に対称になるような設定したこと

から $x = 0$ のとき $\dfrac{dy}{dx} = 0$, すなわち $z = 0$ であるとすると $C_3 = 0$ となり (4.8) は

$$\log(z + \sqrt{1 + z^2}) = \frac{x}{k}$$

となります。さらに, ここから

$$z + \sqrt{1 + z^2} = e^{\frac{x}{k}}$$

$$\sqrt{1 + z^2} = e^{\frac{x}{k}} - z$$

両辺を 2 乗して

$$1 + z^2 = e^{\frac{2x}{k}} - 2z e^{\frac{x}{k}} + z^2$$

$$\therefore \quad 2z e^{\frac{x}{k}} = e^{\frac{2x}{k}} - 1$$

$$z = \frac{e^{\frac{x}{k}} - e^{-\frac{x}{k}}}{2}$$

が得られます。$z = \dfrac{dy}{dx}$ でしたからこれは

$$\frac{dy}{dx} = \frac{e^{\frac{x}{k}} - e^{-\frac{x}{k}}}{2}$$

と表せ, 両辺を x で積分すると

$$y = \frac{k}{2}\left(e^{\frac{x}{k}} + e^{-\frac{x}{k}}\right) + C_4 \qquad (C_4 \text{ は定数})$$

となり, ひもが $x = 0$ のとき $y = k$ を通るように設定して置いたことにすると

$$y = \frac{k}{2}\left(e^{\frac{x}{k}} + e^{-\frac{x}{k}}\right)$$

となります。これが, ぶら下げられたひもの描く曲線の方程式です。

積分 $\displaystyle\int \frac{dz}{\sqrt{1 + z^2}}$ については次のように求められます。
まず, $t = z + \sqrt{1 + z^2}$ とおくと

$$\sqrt{1 + z^2} = t - z$$

両辺を 2 乗して

$$1 + z^2 = (t - z)^2$$

$$\therefore \quad 1 + z^2 = t^2 - 2tz + z^2$$

$$2tz = t^2 - 1$$

$$z = \frac{1}{2}\left(t - \frac{1}{t}\right)$$

となるので

$$dz = \frac{1}{2}\left(1 + \frac{1}{t^2}\right) dt$$

$$= \frac{t^2 + 1}{2t^2} dt$$

となり, 一方,

$$\sqrt{1 + z^2} = t - z$$

$$= t - \frac{1}{2}\left(t - \frac{1}{t}\right)$$

$$= \frac{1}{2}\left(t + \frac{1}{t}\right)$$

$$= \frac{t^2 + 1}{2t}$$

となるので

$$\int \frac{dz}{\sqrt{1 + z^2}} = \int \frac{1}{\dfrac{t^2 + 1}{2t}} \cdot \frac{t^2 + 1}{2t^2} dt$$

$$= \int \frac{1}{t} dt = \log|t| + C \quad (C \text{ は積分定数})$$

$$= \log(z + \sqrt{1 + z^2}) + C \quad (\because z + \sqrt{1 + z^2} > 0)$$

が得られます。

(※) この積分は双曲線関数を用いて求める方法もあります。

4.3　懸垂線の性質

4.3.1　弧長

$f(x) = \dfrac{e^x + e^{-x}}{2}$ のとき, 曲線 $y = f(x)$ の A$(0,1)$ から P$(t, f(t))$ $(t > 0)$ までの弧長を $L(t)$ とおきます.

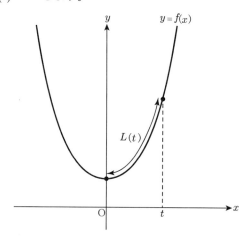

この場合, 懸垂線は弧長が比較的簡単に求めることができるので, しばしば弧長が話題になることがあります. 実際, 求めてみると

$$
\begin{aligned}
L(t) &= \int_0^t \sqrt{1 + (f'(x))^2}\, dx \\
&= \int_0^t \sqrt{1 + \left(\frac{e^x - e^{-x}}{2} \right)^2}\, dx \\
&= \int_0^t \sqrt{1 + \frac{e^{2x} - 2 + e^{-2x}}{4}}\, dx \\
&= \int_0^t \sqrt{\left(\frac{e^x + e^{-x}}{2} \right)^2}\, dx \\
&= \int_0^t \frac{e^x + e^{-x}}{2}\, dx \\
&= \left[\frac{e^x - e^{-x}}{2} \right]_0^t
\end{aligned}
$$

$$= \frac{e^t - e^{-t}}{2} \ (= f'(t))$$

のようになります。

4.3.2　放物線の焦点の軌跡

例えば, 放物線 $C : y = \dfrac{1}{2}x^2$ を滑らないように x 軸上を転がすとき, その焦点 $F\left(0, \dfrac{1}{2}\right)$ の軌跡は懸垂線 (の一部) を描くことが知られています。

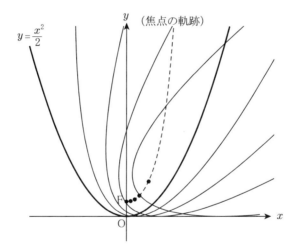

例えば, C 上の点 $P\left(t, \dfrac{t^2}{2}\right)$ が x 軸に接するまで転がしたとき, P は点
$$\left(\frac{1}{2}\left\{t\sqrt{1+t^2} + \log(t + \sqrt{1+t^2})\right\}, 0\right)$$
で x 軸と接し, そのときの F の座標を (X, Y) とおくと
$$X = \frac{1}{2}\log(t + \sqrt{1+t^2})$$
$$Y = \frac{1}{2}\sqrt{1+t^2}$$
となります。ここから t を消去すると

$$Y = \frac{e^{2X} + e^{-2X}}{4}$$

なり, $X \geq 0$ をとることから F の軌跡は

$$y = \frac{e^{2x} + e^{-2x}}{4} \quad (x \geq 0)$$

となります。

4.3.3　懸垂線と石鹸膜

　大きさの等しい 2 つの円を針金で作り石鹸膜を張ります。このとき, 2 つの円は平行で, 2 つの円の中心を通る直線は, それぞれの円を含む平面に垂直であるとします。

　一般に, 石鹸膜はその面積が最小になるような形状をする (極小曲面といいます) ことが知られていますが, 2 つの円の距離が小さいとき, 石鹸膜は懸垂線を対称軸に垂直な直線のまわりに回転させた曲面を描くことが知られています。

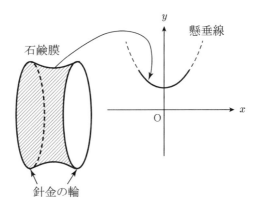

　なお, この曲面の面積が 2 つの円の面積の和より大きくなったときは, 2 つの円に膜を張ったほうが面積が小さくなるので, 懸垂線を回転させた曲面はできません。

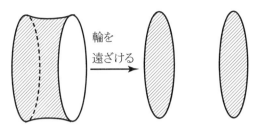

4.3.4 懸垂線と放物線

ニュートンは懸垂線が放物線であると勘違いしていたという有名な話があり
ますが, 実際

$$e^x = 1 + x + \frac{x^2}{2!} + \frac{x^3}{3!} + \frac{x^4}{4!} + \cdots$$

であることを用いると

$$\frac{k}{2}\left(e^{\frac{x}{k}} + e^{-\frac{x}{k}}\right)$$

$$= \frac{k}{2}\left\{1 + \frac{x}{k} + \frac{1}{2}\left(\frac{x}{k}\right)^2 + \frac{1}{6}\left(\frac{x}{k}\right)^3 + \frac{1}{24}\left(\frac{x}{k}\right)^4 + \cdots\right\}$$

$$+ \frac{k}{2}\left\{1 - \frac{x}{k} + \frac{1}{2}\left(\frac{x}{k}\right)^2 - \frac{1}{6}\left(\frac{x}{k}\right)^3 + \frac{1}{24}\left(\frac{x}{k}\right)^4 - \cdots\right\}$$

$$= k + \frac{1}{2k}x^2 + \frac{1}{24k^3}x^4 + \cdots$$

となるので, $|x|$ が小さい場合を考えたことにして x^4 以下の項を無視すると

$$y = k + \frac{1}{2k}x^2$$

となります。$k = 1$ として

$$y = \frac{e^x + e^{-x}}{2} \ \text{および} \ y = 1 + \frac{1}{2}x^2$$

を重ねてかくと次のようになり, 確かに x が小さいとき懸垂線は放物線のよう
に見えるということもわからなくはありません。

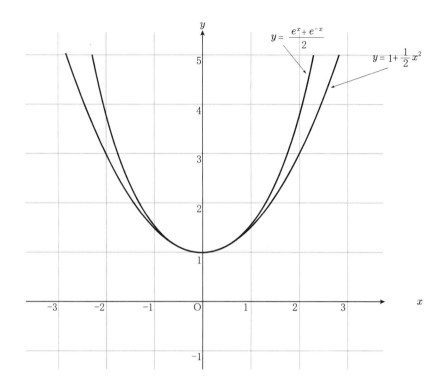

第5章　生物の個体数の変化

　微分方程式の醍醐味としては，いくつかの法則から未来を知ることができることにありますが，その際たる物の一つとして生物の個体数の変化があります。本章では状況を簡潔化したモデルを考え，そこから未来を予想する取り組みをしていきます。

5.1　1 種類の生物の個体数の変化

5.1.1　バクテリアの個体数

　一定の環境の元でのバクテリアの個体数の変化を考えましょう。例えば，あるバクテリア A はある時点での個体数は 100 であったとし，その 5 分後には 150 になったとしましょう。このような場合，もしも最初の個体数が 1000 であったとすると 5 分後の個体数は 1500 になると考えることができます。すなわち，

$$\text{「個体数の変化はその時点での個体数に比例する」} \tag{5.1}$$

と考えることができるのです。したがって，時刻 t におけるバクテリア A の個体数を $x(t)$, 比例定数を $k\,(>0)$ とおくとこの事実は

$$\frac{dx}{dt} = kx \tag{5.2}$$

のように表すことができます。この微分方程式は変数分離形ですから簡単に解くことができて，$x(0) = x_0$ とおくと

$$x(t) = x_0 e^{kt} \tag{5.3}$$

となります。

　さて，このバクテリアの個体数の増加の様子がそのまま人口の増加に当てはまるとしましょう (これを**マルサスの法則**といいます)。この場合，ある時刻 t におけるある地域の人口を $y(t)$ とおきます。ただし，この地域の環境は一定で，また外部の転出および外部からの転入はないものとします。このような条件の下であれば，$y(0) = y_0$ とおくと

$$y(t) = y_0 e^{kt} \tag{5.4}$$

と表されます。

　ところで，(5.4) は t に関する指数関数ですから最初のうちは変化が小さく見えても，やがては爆発的に増加します。このようなことが現実に存在するでしょうか。そこで，下の資料をもとに考えてみましょう。

アメリカ合衆国の人口の変化

年	1790	1800	1810	1820	1830	1840	1850	1860	1870
人口	3.9	5.3	7.2	9.6	13.0	17.1	23.2	31.4	38.6

年	1880	1890	1900	1910	1920	1930	1940	1950
人口	50.2	62.9	76.2	92.0	106.0	123.0	132.3	151.7

年	1960	1970	1980	1990	2000	2010	2020
人口	180.0	205.4	227.7	250.1	282.3	309.7	331.3

人口の単位は 100 万人

　さて，仮に人口の変化が $y(t) = y_0 e^{kt}$ の形で与えられるものとします。ここ

で, t は 1790 年を 0 とし単位は「年」とし, 人口を $y(t) \times 10^6$ 人と表すことにします。また, $y_0 = 3.9$ とします。

この場合, 定数 k の値を決定する必要がありますが, これを 1790 年から 100 年後の 1890 年のデータから求めてみます。

$y(100) = 62.9$ より (5.4) の中の k の値は

$$3.9 \times e^{100k} = 62.9$$

$$\therefore \quad k = \frac{1}{100} \log \frac{62.9}{3.9}$$

$$\fallingdotseq 0.0278$$

となります。したがって, マルサスの法則に基づく人口 $y(t)$ は

$$y(t) = 3.9 \times e^{0.0278t}$$

となります。ところで, この関数のグラフと実際の値を比較してみると次のようになります。

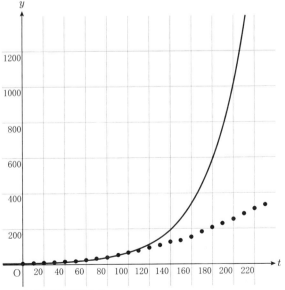

● は実際の値を表す

これを見て途中から誤差が大きくなることがわかることでしょう。したがって, マルサスの法則は長期的予想をするには向かないのです。なお, マルサスの法則では, 1790 年から 234 年後の 2024 年の人口は

$$y(234) = 3.9 \times e^{6.51} \fallingdotseq 2620.1$$

すなわち, アメリカの人口は 26 億人ほどになっているはずですが, 実際は 3 億 4 千万人ほどです。

5.1.2　ロジスティック方程式

マルサスの法則による方程式 (5.2), およびそれに基づいた解 (5.3), (5.4) では一定の閉ざされた地域内にいくらでも人口は増え続けるという仮定のもとに成り立っていますが, 実際に閉ざされた地域に増え続けた場合「環境の悪化」が考えられます。人の場合ならそれでもある程度は何とか対処してしまうので, 再びバクテリアなどの生物で考えることにします。

バクテリアの場合, その時刻 t における個体数 $x(t)$ が小さいときは $x(t)$ の値に比例して $x(t)$ は変化しますが, $x(t)$ が大きいときは食糧不足などの環境悪化が原因で $x(t)$ の値が $x(t)$ の変化を抑える働きがあると考えられます。そこで,

$$\frac{dx}{dt} = (a - bx)x \quad (a, b \text{ は正の定数}) \tag{5.5}$$

としてみましょう。ここで定数 a は自然増加率を表し, bx の項は x が増加したときにその増加のスピードを抑制する働きがあります。(5.5) のような方程式を**ロジスティック方程式**といいます。

微分方程式 (5.5) は次のように解くことができます。まず, (5.5) より

$$\int \frac{1}{(a - bx)x} \, dx = \int dt \tag{5.6}$$

となります。ここで, 左辺は

$$\int \frac{1}{(a-bx)x}\,dx = \int \frac{1}{a}\left(\frac{b}{a-bx}+\frac{1}{x}\right)\,dx$$

$$= \frac{1}{a}\left(\log|x|-\log|a-bx|\right)\,dx$$

$$= \frac{1}{a}\log\left|\frac{x}{a-bx}\right|+C_1 \quad (C_1 \text{ は定数})$$

　一方, 右辺は

$$\int dt = t+C_2 \quad (C_2 \text{ は定数})$$

であるので (5.6) は

$$\frac{1}{a}\log\left|\frac{x}{a-bx}\right|+C_1 = t+C_2$$

積分定数をまとめて

$$\frac{x}{a-bx}=C_3 e^{at} \tag{5.7}$$

$$x = C_3 e^{at}(a-bx)$$

$$\therefore \quad x = \frac{C_3 a e^{at}}{1+C_3 b e^{at}} \tag{5.8}$$

のようになります。ここで, C_3 は初期値による値で $x(0)=x_0$ とすると (5.7) より

$$C_3 = \frac{x_0}{a-bx_0}$$

のように決まります。これを (5.8) に代入すると

$$x(t) = \frac{\dfrac{x_0}{a-bx_0}a e^{at}}{1+\dfrac{x_0}{a-bx_0}b e^{at}}$$

$$= x_0 \frac{a e^{at}}{a+x_0 b(e^{at}-1)} \tag{5.9}$$

となります。

　この $x(t)$ については

$$\lim_{t \to \infty} x(t) = \frac{a}{b}$$

となるので, 十分に時間が過ぎたとき人口は $\dfrac{a}{b}$ で安定します。また,

$$x'(t) = \frac{a^2 x_0 (a - bx_0) e^{at}}{\{a + x_0 b(e^{at} - 1)\}^2}$$

より, $0 < x_0 < \dfrac{a}{b}$ のとき

$$x'(t) > 0 \quad (人口は減らない!)$$

さらに,

$$x''(t) = \frac{a^3 x_0 (a - bx_0) e^{at} \{(a - bx_0) - bx_0 e^{at}\}}{\{a + bx_0(e^{at} - 1)\}^3}$$

より, 最も勢いよく人口が増加するのは ($x''(t) = 0$ となる t を求めて)

$$t = \frac{1}{a} \log \frac{a - bx_0}{bx_0}$$

のときですが, これは $x(t) = \dfrac{a}{2b}$ となる時刻です。

$0 < x_0 < \dfrac{a}{b}$ のとき $\lim_{t \to -\infty} x(t) = 0$ であることも考えて, $x = x(t)$ のグラフをかくと次のようになります。

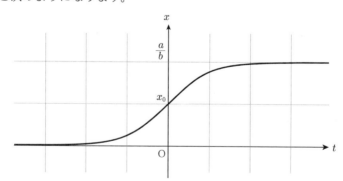

先ほどのアメリカの人口増加について, 1790 年, 1840 年, 1890 年のデータより

$$x(0) = 3.9,\ x(50) = 17.1,\ x(90) = 62.9$$

であることから a, b, x_0 の値の近似値を求め (x_0 以外の値を求めるのは少し大変です), $x(t)$ を表すと次のようになります。

$$x(t) = \frac{270.6}{1 + 67.84 \times e^{-0.03042t}}$$

この式を用いて $t = 234$ の場合の 2024 年の人口を求めると

$$x(234) = \frac{270.6}{1 + 67.84 \times e^{-0.03042 \times 234}}$$

$$\fallingdotseq 256.5$$

すなわち, 2024 年の人口はおよそ 2 億 5650 万人と予想できるわけですが, これは先ほど予想した 15 億に比べるとかなり実際の値 (3 億 4000 万人) に近い値が得られたことになります。ちなみにこの式の場合, 計算上は人口は 2 億 7060 万人を超えることはありませんが, 2024 年の時点で実際の人口はすでに超えていることになります。これよりも精度の高い人口予想をするにはもっと細かな設定が必要になってきます。

5.1.3　世界の人口予想

実は, これまでに扱ったアメリカの人口の推移や地球の人口の長期的推移を予想するためには, これまでに扱ってきたロジスティック方程式 $\dfrac{dx}{dt} = (a - bx)x$ はあまり役に立たないことが知られています。このような場合には実際には次のゴムパーツ方程式が多く利用されます。

$$\frac{dx}{dt} = -kx \log \frac{x}{L} \qquad (k, L \text{ は定数}) \tag{5.10}$$

これは,

$$\frac{dx}{dt} = -k(\log x - \log L)x$$

$$= (k \log L - k \log x)x$$

となりますから, (5.1) の $a - bx$ の部分が x の 1 次式ではなく $a - b\log x$ の形になったものと考えられます。

まず, この方程式を解いてみましょう。

(5.10) の両辺を L で割ると

$$\frac{1}{L} \cdot \frac{dx}{dt} = -k \cdot \frac{x}{L} \log \frac{x}{L}$$

となります。ここで, $u = \dfrac{x}{L}$ とおくと

$$\frac{du}{dt} = -ku \log u$$

となるので

$$\int \frac{du}{u \log u} = \int -k\, dt$$

$$\therefore \quad \log |\log u| = -kt + C_1$$

$$\therefore \quad |\log u| = e^{-kt + C_1}$$

$$\therefore \quad \log u = \pm e^{C_1} e^{-kt}$$

$C_2 = \pm e^{C_1}$ とおいて

$$\log u = C_2 e^{-kt}$$

$$\therefore \quad u = e^{C_2 e^{-kt}}$$

したがって,

$$x(t) = L e^{C_2 e^{-kt}} \tag{5.11}$$

が得られます。

それでは, いくつかのデータから C_2, k, L の値を求めて世界人口の推移を予想してみましょう。データとしては

　　① 1800 年の世界人口は　約 10 億人

② 1900 年の世界人口は　約 20 億人

③ 2000 年の世界人口は　約 60 億人

を用いることにし, 1800 年を $t = 0$ とし, t の単位は年であるとします.

$$① \text{ より }\quad Le^{C_2} = 10 \tag{5.12}$$

$$② \text{ より }\quad Le^{C_2 e^{-100k}} = 20 \tag{5.13}$$

$$③ \text{ より }\quad Le^{C_2 e^{-200k}} = 60 \tag{5.14}$$

が成り立ちます. ここで,

$$(5.12), (5.13) \text{ より } \frac{(e^{C_2})^{e^{-100k}}}{e^{C_2}} = 2 \tag{5.15}$$

$$(5.12), (5.14) \text{ より } \frac{(e^{C_2})^{e^{-200k}}}{e^{C_2}} = 6 \tag{5.16}$$

となり, $A = e^{-100k}$ とおき, e^{C_2} を底とする対数をとると, (5.15) は

$$
\begin{aligned}
A &= \log_{e^{C_2}}(2e^{C_2}) \\
&= \frac{\log 2}{\log e^{C_2}} + 1 \\
&= \frac{\log 2}{C_2} + 1
\end{aligned}
\tag{5.17}
$$

となります. 一方, $e^{-200k} = e^{-100k \times 2} = A^2$ より (5.16) は

$$
\begin{aligned}
A^2 &= \log_{e^{C_2}}(6e^{C_2}) \\
&= \frac{\log 6}{\log e^{C_2}} + 1 \\
&= \frac{\log 6}{C_2} + 1
\end{aligned}
\tag{5.18}
$$

となります. (5.17), (5.18) から A を消去して

$$C_2 = \frac{(\log 2)^2}{\log \dfrac{3}{2}}$$

を得るから,

$$e^{C_2} = \left(e^{\log 2}\right)^{\frac{\log 2}{\log \frac{3}{2}}} = 2^{\log_{\frac{3}{2}} 2}$$

これを (5.12) に代入して

$$L = \frac{10}{2^{\log_{\frac{3}{2}} 2}}$$

(5.17) より

$$A = \frac{\log \frac{3}{2}}{\log 2} + 1 = \log_2 3$$

となるので,

$$x(t) = L e^{C_2 e^{-kt}} = L \left(e^{C_2}\right)^{e^{-100k \times \frac{t}{100}}}$$
$$= L \left(e^{C_2}\right)^{A^{\frac{t}{100}}}$$
$$= \frac{10}{2^{\log_{\frac{3}{2}} 2}} \left(2^{\log_{\frac{3}{2}} 2}\right)^{\left(\log \frac{3}{2}\right)^{\frac{t}{100}}}$$

が得られます。実際の世界人口の予想はこれよりも細かな補正を追加するのですが, とりあえずこの式を用いて 2050 年 ($t = 250$) の人口予想をしてみると

$$x(250) = \cdots \fallingdotseq 130\ \text{億}$$

が得られます。ちなみに現在予想されているのは後にある表のように 97 億です。人口抑制の効果があったと考えられるのかもしれません。

【参考】

世界の人口の推移

年	1000	1650	1800	1900	1960	1974
人口	3 億	5 億	10 億	20 億	30 億	40 億

年	1987	1999	2010	2023	2024	(2050)
人口	50 億	60 億	70 億	80 億	80.5 億	(97 億)

5.2　2 種類の生物の関係と個体数の変化

　これまで, 生物の個体数の変化, および人口の変化について扱いました。そこでは, 1 つの種の中で成り立つ仮説をたて, そこから微分方程式を作り解を求め個体数の変化を数学的に検証しました。ところが, 私達のまわりの生物は (私達人類も含め), その個体数の増減については他の生物の影響を受けることがよくあります。むしろ, 他の生物の影響を受けると考えることの方が自然なことでしょう。そこで, ここからは 2 種類の生物の関係に着目し, 個体数がどのように変化するかを数学的に検証してみることにします。2 種類の生物の関係といっても

(a)　2 種類の生物が共存関係にある場合

　　　(例えば, 蟻とアブラムシの関係)

(b)　2 種類の生物が敵対関係にある場合

　　　(互いに, 殺しあう場合)

(c)　2 種類の生物が捕食者 (predator) と被食者 (prey) の関係にある場合

　　　(例えば, ライオンとシマウマ)

の場合に大別されますが, この中で特に面白いのは (c) の場合ですので, (c) について扱うことにします。

5.2.1　ロトカ・ボルテラの方程式を作る

　イタリアの東側にアドリア海という海があります。この海で漁を営む漁師達は第 1 次世界大戦のとき兵士として戦争にかり出され漁をしませんでした。戦争から帰ってきた漁師たちは数年間漁をしていなかったので, さぞ魚が増えていることだろうと思って漁に出かけたのですが, 期待に反し魚は少なく, 逆に人

間を襲うサメが増えていてがっかりしたという話があります。

アドリア海

そのころイタリアの数学者にボルテラ (Volterra) という人がいました。彼の親戚の 1 人に生物学者いたそうで, その生物学者がアドリア海のサバとサメの個体数が周期的に変化することに気がつきそれをボルテラに報告しました。そこで, ボルテラは

- サバの個体数は, サバにとって外敵であるサメが少ないときは増えるが, サメの個体数がある一定量を超えるとサバの個体数は減る。

- サメの個体数は, サメにとって餌であるサバ多いときは増えるが, サバが少ないときは餌不足のために減る。

という事実に注目し, ここから次のようなモデルを作りました。

☆─────────────────────────────☆

　ある時刻 t におけるこの地域でのサバの個体数を $x(t)$, サメの個体数を $y(t)$ とします。ここで, 5.1 と同じように $x(t)$, $y(t)$ はサバ, サメの個体数ですから本来は整数値しかとれないはずですが, ここでは, $x(t)$, $y(t)$ は整数以外の実数値をとることができ, 微分可能な関数であるとします。また, 以下において a, b,

c, d は正の定数とします。

まず, サバについてはサメがいなければ 5.1 で扱ったマルサスの法則より

$$\frac{dx}{dt} = ax$$

となるところですが, サメの個体数に応じて $x(t)$ が減る方向に作用が働きますから

$$\frac{dx}{dt} = (a - by)x \tag{5.19}$$

であると考えることができます。実は, 5.1 ではマルサスの法則を説明した後で, 「人口の増加には限界がある」としてロジスティック方程式の説明をしました。そこで説明したことを考えれば, ここでもサバはいくらでも増えるわけにはいかないので (5.19) は

$$\frac{dx}{dt} = (a - by - ex)x \quad (e \text{ は正の定数}) \tag{5.19$'$}$$

のように修正しなければならないところですが, ここでは

- 海にはサバの餌になるプランクトンが十分多くある。

- サバはサメに食べられることによって, 自分達の中で食料を奪い合うほどには増えない。

ということを仮定して (5.19)$'$ ではなく (5.19) で考えていくことにします。

次に, サメについて考えましょう。サメ単独では絶滅してしまうので $x(t) = 0$ である場合

$$\frac{dy}{dt} = -cy$$

のように変化するとまず考えます。そして, 食料のサバがいればその個体数に応じてサメの個体数は増加することができると考えて

$$\frac{dy}{dt} = (-c + dx)y \tag{5.20}$$

が成り立つと考えることができます。

(5.19), (5.20) の右辺は, それぞれ y の 1 次式, x の 1 次式ですが, このように 1 次式でなければならない理由は特にありません。

☆————————————————————————————————☆

ボルテラがこのようなことを考えたのは 1920 年代のころでしたが, ボルテラとは独立に同じ頃アメリカの数学者ロトカ (Lotka) もこのようなモデルを作りました。それで, (5.19), (5.20) の微分方程式系を**ロトカ・ボルテラの方程式**といいます。

5.2.2　ロトカ・ボルテラの方程式の解軌道

今度は, 2 つの微分方程式 (5.19), (5.20) から t を消去した x と y の関係を求めてみましょう。

まず, (5.19) を

$$\frac{1}{x} \cdot \frac{dx}{dt} = a - by$$

とし, 同じように (5.20) を

$$\frac{1}{y} \cdot \frac{dy}{dt} = -c + dx$$

とします。ここで $(5.19) \times (-c + dx) - (5.20) \times (a - by)$ を計算すると

$$\frac{-c + dx}{x} \cdot \frac{dx}{dt} - \frac{a - by}{y} \cdot \frac{dy}{dt} = 0$$

となり, 両辺を t で積分します。すると

$$\int \left(\frac{-c + dx}{x} \cdot \frac{dx}{dt} - \frac{a - by}{y} \cdot \frac{dy}{dt} \right) dt = C \qquad (C \text{ は積分定数})$$

$$\int \left(-\frac{c}{x} + d \right) dx - \int \left(\frac{a}{y} - b \right) dy = C$$

$$-c \log x + dx - a \log y + by = C$$

(左辺から現れる積分定数を右辺に吸収させてあらためて C とした)

$$\therefore \quad dx - c \log x + by - a \log y = C \tag{5.21}$$

のようになります。

(5.21) で表される曲線を高校数学あるいは, 高校数学 $+\alpha$ 程度に知識で描くのは少し難しい (閉曲線であることなど) のですが, C の値が決まれば (5.21) の曲線は下のような曲線になることが (コンピュータなどを使うことによって) わかります。

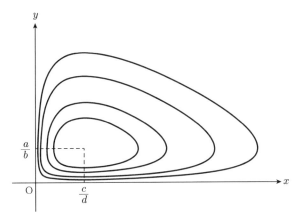

図にある 4 つの曲線は C の値をいろいろな値に設定して描いたものです。C の値は初期条件 ($x(0)$, $y(0)$ の値) などによって決定します。

これらの曲線はどれも点 $\left(\dfrac{c}{d}, \dfrac{a}{b}\right)$ を囲むようになっており動点 $(x(t), y(t))$ はこの曲線上を周期的に回転するように動きます。

5.2.3　$(x(t), y(t))$ の変化の様子

時間によって変化するベクトル $\overrightarrow{v(t)}$ を

$$\overrightarrow{v(t)} = \begin{pmatrix} \dfrac{dx}{dt} \\ \dfrac{dy}{dt} \end{pmatrix}$$

によって定義します。この $\overrightarrow{v(t)}$ は点 $(x(t), y(t))$ の速度ベクトルですから $|\overrightarrow{v(t)}|$ は点 $(x(t), y(t))$ の変化の大きさを表し, $\overrightarrow{v(t)}$ の向きによって $x(t), y(t)$ がそれぞれの増加しているか減少しているかがわかります。

さて, $\dfrac{dx}{dt}, \dfrac{dy}{dt}$ は (5.19), (5.20) より与えられます。ここで, (5.19) より

$$\frac{dx}{dt} = -b\left(y - \frac{a}{b}\right)x$$

であるから, $x(t) > 0$ において

$$y < \frac{a}{b} \text{ のとき } \frac{dx}{dt} > 0$$

$$y > \frac{a}{b} \text{ のとき } \frac{dx}{dt} < 0$$

また, (5.20) より

$$\frac{dy}{dt} = d\left(x - \frac{c}{d}\right)y$$

であるから, $y(t) > 0$ において

$$x < \frac{c}{d} \text{ のとき } \frac{dy}{dt} < 0$$

$$x > \frac{c}{d} \text{ のとき } \frac{dy}{dt} > 0$$

となります。その結果

(i)　$0 < x < \dfrac{c}{d}, 0 < y < \dfrac{a}{b}$ においては $\overrightarrow{v(t)}$ は右下を向いているベクトルである

(ii)　$x > \dfrac{c}{d}, \ 0 < y < \dfrac{a}{b}$ においては $\overrightarrow{v(t)}$ は右上を向いているベクトルである

(iii)　$x > \dfrac{c}{d}, y > \dfrac{a}{b}$ においては $\overrightarrow{v(t)}$ は左上を向いているベクトルである

(iv)　$0 < x < \dfrac{c}{d}, y > \dfrac{a}{b}$ においては $\overrightarrow{v(t)}$ は左下を向いているベクトルである

であるから, 点 $(x(t), y(t))$ の大雑把な進行方向は下のように表せます。

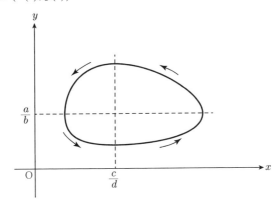

　したがって, $(x(t), y(t))$ は (5.21) で表される曲線を左回りに動くことがわかります。

　$x(0) = \dfrac{c}{d}, \ y(0) = \dfrac{a}{b}$ で与えられた場合は (5.19), (5.20) よりつねに $\dfrac{dx}{dt} = 0,$ $\dfrac{dy}{dt} = 0$ となって $x(t), y(t)$ は定数関数になります。

　ところで, (5.21) で表される曲線は $x(t)$ と $y(t)$ の関係を表したものですが, $x = x(t), y = y(t)$ のグラフについてもおおよそは (5.21) の曲線から下のようになることがわかります。(ただし, 実線が $x = x(t)$ のグラフ, 破線が $y = y(t)$ のグラフです。)

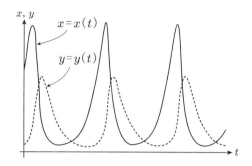

　このように被食者 A よりも少し遅れて捕食者 B の個体数の増減が変化する
ことが説明できます。これが実際に成立しているデータとして, しばしばカナ
ダで観測された野ウサギ (被食者) とオオヤマネコ (捕食者) の個体数の変化が
紹介されますが, その観測データをグラフで表したものを次に記しておきましょ
う。下のグラフでは, 実線が野ウサギの個体数, 破線がオオヤマネコの個体数を
表します。また, 縦軸の個体数の単位は千匹です。

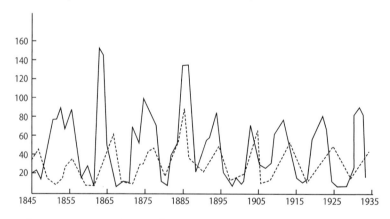

　このグラフにおいて, 野ウサギよりも少し遅れてオオヤマネコの個体数が増
減していることに注目してください。

5.2.4 殺虫剤と害虫の大量発生

ロトカ・ボルテラの方程式では外的要因が働かない限り, およびそれぞれの生物が進化しない限り $(x(t), y(t))$ は永久に (5.21) の与えられる曲線のまわりを一定の周期でまわり続けることになります。そこで, 今度は人為的に生物の個体数を変えたときどのように $x(t)$, $y(t)$ が変化するかを考えてみましょう。

例えば, 最初に定めた被食者 A を畑に住む益虫 (個体数を $x(t)$ とする) とし, 捕食者 B を A を食べる害虫 (個体数を $y(t)$ とする) とします。$x(t)$, $y(t)$ は微分方程式 (5.19), (5.20) に従って変化するものとし, 点 $(x(t), y(t))$ は今のところ下の曲線 C_1 上を動くものとします。

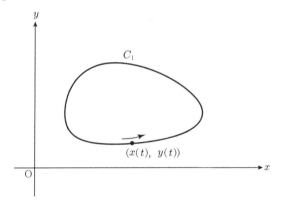

さて, 点 $(x(t), y(t))$ が C_1 上の P の位置にあるときに畑に殺虫剤をまいたとします。この場合, 害虫 B だけではなく益虫 A も除去してしまうことになりますから $(x(t), y(t))$ は P の位置から図の Q の位置に移動します。

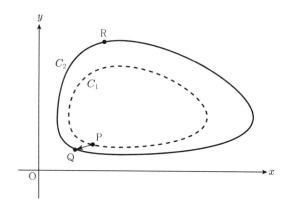

　すると, そこから先は点 Q を通る (5.21) の曲線 C_2 上を周期的に動くこと

になりますから $(x(t), y(t))$ はやがて図の R の位置に到達します。したがって,

殺虫剤をまいたことによって皮肉にも害虫の大発生を引き起こしたことになり

ます。

　もちろん, 害虫 B を完全に除去すれば別です。

　これに対して, $(x(t), y(t))$ が C_1 上の P′ の位置にあるときに殺虫剤をまいた

とします。このとき, $(x(t), y(t))$ が図の Q′ の位置になったとすれば $(x(t), y(t))$

は新しい曲線 C_3 を動くことになります。

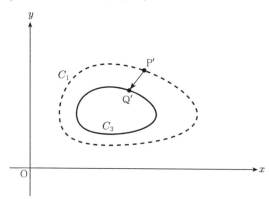

　今度は害虫が大発生することはなくなり，殺虫剤の本来の効果があったといえるかもしれません。しかし，P′の場合でも殺虫剤をまきすぎて，下の図の $(x(t), y(t))$ が Q″ の位置にまでなってしまうと，また害虫の大発生を引き起こしてしまいます。

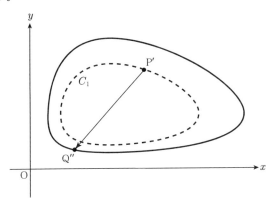

　結局，

> 　殺虫剤はいつでも適当にまけばよいわけではない。害虫が多いときに適度な量をまかなければ害虫はいずれ大発生をしてしまう。

ということを微分方程式は教えてくれているのです。

　ここでは「殺虫剤」ということで益虫 A, 害虫 B を同時に除去してしまう場合を考えましたが，仮に害虫 B だけを除去するような殺虫剤ができたとしても，その除去の仕方によっては害虫 B の大量発生につながります。

第6章　軍拡競争の数理

人類史上幾度となく軍拡競争がありました。敵対する国同士で, 相手が軍備を増強すれば自国も増強せざるを得なくなりますが, 軍事費を無限に増やせるわけではありません。この章では, 軍事費がどのような法則で変化するのかの単純なモデルを用意し, 微分方程式を使って 2 国の軍事費の将来の変化を予測します。2 国の軍事費が安定してどこかの値に収束するならば戦争回避と考えることができますが, 少なくとも一方の国の軍事費が無限に大きくなるようであれば, 耐えきれず戦争に突入してしまうとも考えられます。この動向を微分方程式を利用して探ってみましょう。

6.1　軍拡競争モデル

簡単のため軍拡競争は敵対する A 国と B 国の 2 国間で行なわれるものとしましょう。

ある時刻 t における A 国の軍事力 (例えば, 国防費) を $x(t)$, B 国の軍事力を $y(t)$ とします。ここで, $x(t)$, $y(t)$ は 0 以上の実数値をとる必要なだけ微分可能な関数 (実際は 2 回微分可能程度でよい) とします。さて, A 国は B 国の軍事力 $y(t)$ に脅威を感じて (A 国の) 国防費を設定すると考えられるので, 正の定数 k を用いて

$$\frac{dx}{dt} = ky \tag{6.1}$$

が成り立つと考えられます。B 国についても同様で, 正の定数 l を用いて

$$\frac{dy}{dt} = lx \tag{6.2}$$

が成り立つと考えられます。このような場合, 微分方程式をきちんと解くまでもなく, 明らかに

$$x(t) \to \infty, \, y(t) \to \infty \quad (t \to \infty)$$

となります。実際は, 国防費が限りなく大きくなることはできませんので, ある程度大きくなったところでどちらかが耐え切れなくなり, このようになる状態が「戦争」が起こる状態と考えられることにします。この (6.1), (6.2) のような「必ず 2 国間で戦争が起こる」というモデルは不自然なので, 少し修正を入れることにしましょう。例えば, A 国の場合, ある程度国防費が大きくなると A 国民の負担が大きくなり国防費を抑えるような力が働くと考えられますから (6.1) は正の定数 m を用いて

$$\frac{dx}{dt} = ky - mx \tag{6.3}$$

のように修正したモデルを考えることができます。同様に (6.2) は正の定数 n を用いて

$$\frac{dy}{dt} = lx - ny \tag{6.4}$$

と修正します。さらに, 「A 国民は, B 国民がもともと嫌い」とか, 「A 国民は『B 国のある領地は自国のものである』と思っている」のように潜在的な不満もあるでしょうから (相手国の国防費以外の自国の国防費が増える理由), これを定数と考えて (6.3) は

$$\frac{dx}{dt} = ky - mx + g \tag{6.5}$$

(6.4) は

$$\frac{dy}{dt} = lx - ny + h \tag{6.6}$$

というモデルができます。ただし, g, h は正の定数です。ここで, 今一度文字を整理して (6.5), (6.6) を順に

$$\frac{dx}{dt} = -px + qy + g \tag{6.7}$$

$$\frac{dy}{dt} = rx - sy + h \tag{6.8}$$

と表すことにします (p, q, r, s, g, h は正の定数)。この微分方程式系で与えられる解 $x(t), y(t)$ が p, q, r, s によってどのような振る舞いをするかをこの章の中で分類していくことにします。

6.2　微分方程式を解くための確認

6.2.1　2 階の微分方程式

[1]　$\dfrac{d^2x}{dt^2} = -\omega^2 x$

$\omega > 0$ とし, 微分方程式

$$\frac{d^2x}{dt^2} = -\omega^2 x \tag{6.9}$$

を解いてみましょう[1]。簡単のため $\dfrac{dx}{dt} = x'(t)$, $\dfrac{d^2x}{dt^2} = x''(t)$ と表すことにし, (6.9) の両辺に $x'(t)$ をかけると

$$x''(t)x'(t) = -\omega^2 x'(t)x(t)$$

$$\therefore \quad \left(\frac{1}{2}(x'(t))^2\right)' = -\omega^2 \left(\frac{1}{2}(x(t))^2\right)'$$

となり, 両辺を t で積分して

$$\frac{1}{2}(x'(t))^2 = -\omega^2 \cdot \frac{1}{2}(x(t))^2 + C_1 \qquad (C_1 \text{ は正の定数})$$

---

[1]同じ説明が第 2 章の中にもあります。

$$(x'(t))^2 + \omega^2(x(t))^2 = 2C_1$$

となり, $2C_1 = R^2\ (R > 0)$ とおくと

$$(x'(t))^2 + (\omega x(t))^2 = R^2 \tag{6.10}$$

となります。したがって, ある t の関数 $\theta(t)$ を用いて

$$x'(t) = R\cos\theta(t) \tag{6.11}$$

$$\omega x(t) = R\sin\theta(t) \tag{6.12}$$

とおくことができます。ここで, (6.12) の両辺を微分すると

$$\omega x'(t) = R(\cos\theta(t)) \times \theta'(t)$$

となり, これに (6.11) を代入すると

$$\omega R\cos\theta(t) = R(\cos\theta(t)) \times \theta'(t)$$

$$\therefore \quad \theta'(t) = \omega$$

となり, $\theta'(t)$ は定数であるから, $\theta(t)$ は t の 1 次関数で

$$\theta(t) = \omega t + C_2$$

となります。これを (6.12) に代入して

$$\omega x(t) = R\sin(\omega t + C_2)$$

$$\therefore \quad x(t) = \frac{R}{\omega}\sin(\omega t + C_2) \tag{6.13}$$

となり, R は正の任意定数 (初期条件によって決まる値) であることも考えて, (6.13) は

$$x(t) = A\sin(\omega t + B) \qquad (A,\ B \text{ は定数})$$

のように表すことができます。したがって, 次のようにまとめることができます。

【定理 1 】

$\omega > 0$ のとき, 微分方程式 $\dfrac{dx^2}{dt^2} = -\omega^2 x$ の一般解は

$$x(t) = A\sin(\omega t + B)$$

である。

[2] $\quad \dfrac{d^2 x}{dt^2} + p\dfrac{dx}{dt} + qx = 0$

次に, p, q を定数として, 微分方程式

$$\frac{d^2 x}{dt^2} + p\frac{dx}{dt} + qx = 0 \tag{6.14}$$

について考えましょう。これは, 2 次方程式

$$\lambda^2 + p\lambda + q = 0 \tag{6.15}$$

が (微分方程式 (6.14) の特性方程式ともいう),

    (i) 異なる 2 実解をもつ場合

    (ii) 重解をもつ場合

    (iii) 虚数解をもつ場合

によって, 解の表し方が異なります。

(i) (6.15) が異なる 2 実解をもつ場合

(6.15) の異なる 2 実解を α, β とおきます。このとき, (6.15) の解と係数の関係から $p = -(\alpha + \beta), q = \alpha\beta$ ですから (6.14) は

$$x''(t) - (\alpha + \beta)x'(t) + \alpha\beta x(t) = 0$$

と表せます。さらに, これは

$$\{x'(t) - \alpha x(t)\}' = \beta(x'(t) - \alpha x(t))$$

となるので,

$$x'(t) - \alpha x(t) = C_1 e^{\beta t} \qquad (C_1 \text{ は定数}) \qquad (6.16)$$

となります。さらに (6.16) の両辺に $e^{-\alpha t}$ をかけると

$$x'(t)e^{-\alpha t} - \alpha x(t)e^{-\alpha t} = C_1 e^{(\beta - \alpha)t}$$

$$\{x(t)e^{-\alpha t}\}' = C_1 e^{(\beta - \alpha)t}$$

となるので, $\beta - \alpha \neq 0$ であることにも注意して両辺を t で積分すると

$$x(t)e^{-\alpha t} = C_1 \cdot \frac{1}{\beta - \alpha} e^{(\beta - \alpha)t} + C_2 \qquad (C_2 \text{ は定数})$$

両辺に $e^{\alpha t}$ をかけて, $C_1' = \dfrac{C_1}{\beta - \alpha}$ とおくと

$$x(t) = C_1' e^{\beta t} + C_2 e^{\alpha t}$$

となり, これが (i) の場合の微分方程式 (6.14) の解です。

例　微分方程式

$$x''(t) - 4x'(t) + 3x(t) = 0$$

の解は, 2 次方程式 $\lambda^2 - 4\lambda + 3 = 0$ の解が $\lambda = 1, 3$ であることから

$$x(t) = C_1 e^t + C_2 e^{3t}$$

である。(C_1, C_2 は任意定数)

(ii) (6.15) が重解をもつ場合

(6.15) の重解を α (もちろん α は実数) とおくと, 微分方程式 (6.14) は (i) の場合の (6.16) までは同じ変形で, (6.16) において $\beta = \alpha$ として

$$x'(t) - \alpha x(t) = C_1 e^{\alpha t} \qquad (C_1 \text{ は定数})$$

が成り立ちます。両辺に $e^{-\alpha t}$ をかけて

$$x'(t)e^{-\alpha t} - \alpha x(t)e^{-\alpha t} = C_1$$

$$\{x(t)e^{-\alpha t}\}' = C_1$$

となり，さらに両辺を t で積分すると

$$x(t)e^{-\alpha t} = C_1 t + C_2 \qquad (C_2 \text{ は定数})$$

$$\therefore \quad x(t) = (C_1 t + C_2)e^{\alpha t}$$

が得られます．これが (ii) の場合の微分方程式 (6.14) の解です．

例 微分方程式

$$x''(t) - 4x'(t) + 4x(t) = 0$$

の解は，2 次方程式 $\lambda^2 - 4\lambda + 4 = 0$ の解が $\lambda = 2$ (重解) であることから

$$x(t) = (C_1 t + C_2)e^{2t}$$

である。

(iii) (6.15) が虚数解をもつ場合

(6.15) の 2 解は $a + bi,\ a - bi$ とします．ただし，a, b は実数で $b \neq 0$ とします．このとき，解と係数の関係から

$$p = -\{(a + bi) + (a - bi)\} = -2a$$

$$q = (a + bi)(a - bi) = a^2 + b^2$$

であるので，(6.14) は

$$x''(t) - 2ax'(t) + (a^2 + b^2)x(t) = 0$$

$$x''(t) - 2ax'(t) + a^2 x(t) = -b^2 x(t)$$

となり，ここで，両辺に e^{-at} をかけると

$$x''(t)e^{-at} - 2ax'(t)e^{-at} + a^2 x(t)e^{-at} = -b^2 e^{-at}x(t) \qquad (6.17)$$

となります．この式の左辺については

$$(x(t)e^{-at})'' = (x'(t)e^{-at} - ax(t)e^{-at})'$$

$$= x''(t)e^{-at} - 2ax(t)e^{-at} + a^2 x(t)e^{-at}$$

であることに注意して,

$$\therefore \quad (x(t)e^{-at})'' = -b^2(x(t)e^{-at})$$

となります。これは【定理 1】が利用できて

$$x(t)e^{-at} = C_1 \sin(bt + C_2) \qquad (C_1,\, C_2 \text{ は定数})$$

$$\therefore \quad x(t) = C_1 e^{at} \sin(bt + C_2)$$

のように表せます。これが (iii) の場合の微分方程式 (6.14) の解です。

例　微分方程式

$$x''(t) - 2x'(t) + 5x(t) = 0$$

の解は, 2 次方程式 $\lambda^2 - 2\lambda + 5 = 0$ の解が $\lambda = 1 \pm 2i$ であることから

$$x(t) = C_1 e^t \sin(2t + C_2)$$

である。

これまでの結果をまとめると次のようになります。

【定理 2 】

p, q を実数とするとき, 2 次方程式

$$\lambda^2 + p\lambda + q = 0$$

の 2 解を α, β とするとき, 微分方程式

$$\frac{d^2x}{dt^2} + p\frac{dx}{dt} + qx = 0$$

の解は次のようになる。$(C_1, C_2$ は定数$)$

(i) α, β が異なる 2 実解のとき

$$x(t) = C_1 e^{\alpha t} + C_2 e^{\beta t}$$

(ii) $\alpha = \beta$ のとき

$$x(t) = (C_1 t + C_2)e^{\alpha t}$$

(iii) $\alpha = a + bi,\ \beta = a - bi$ (ただし, a, b は実数で $b \neq 0$) のとき

$$x(t) = C_1 e^{at}\sin(bt + C_2)$$

6.2.2　連立型微分方程式

次に, $x(t), y(t)$ に関する微分方程式系

$$x'(t) = px(t) + qy(t) \tag{6.18}$$

$$y'(t) = rx(t) + sy(t) \tag{6.19}$$

の解について考えましょう。ただし, p, q, r, s は定数で, q, r は 0 でないとします。このような場合, 2 階の微分方程式に帰着して解を求めることができます。

まず, (6.18) の両辺を $q(\neq 0)$ で割ることにより,

$$y(t) = \frac{1}{q}(x'(t) - px(t))$$

となります。これを (6.19) に代入して

$$\frac{1}{q}(x'(t) - px(t))' = rx(t) + s \cdot \frac{1}{q}(x'(t) - px(t))$$

$$x''(t) - px'(t) = qrx(t) + s(x'(t) - px(t))$$

$$x''(t) - (p + s)x'(t) + (ps - qr)x(t) = 0 \tag{6.20}$$

が得られます。同様の方法で (6.18), (6.19) から $x(t)$ を消去することで $y(t)$ についても同じ形の微分方程式

$$y''(t) - (p + s)y'(t) + (ps - qr)y(t) = 0$$

が得られます。したがって, $x(t)$, $y(t)$ はともに微分方程式

$$u''(t) - (p + s)u(t) + (ps - qr)u(t) = 0$$

の解であり, $u(t)$ がどのような関数になるかについては 2 次方程式

$$\lambda^2 - (p + s)\lambda + (ps - qr) = 0 \tag{6.21}$$

が (i) 異なる 2 実解をもつか, (ii) 重解をもつか, (iii) 虚数解をもつか, によって決まります。ところで, $A = \begin{pmatrix} p & q \\ r & s \end{pmatrix}$ とおくと, (6.18), (6.19) は

$$\begin{pmatrix} x'(t) \\ y'(t) \end{pmatrix} = A \begin{pmatrix} x(t) \\ y(t) \end{pmatrix} \tag{6.22}$$

と表され, 方程式 (6.21) は A の固有方程式です。したがって, 微分方程式系 (6.22) の解は, C_1, C_2 を定数として,

(i) A が異なる実数の固有値 α, β をもつとき

$$x(t) = C_1 e^{\alpha t} + C_2 e^{\beta t}$$

(ii) A の固有方程式が重解 α をもつとき

$$x(t) = (C_1 t + C_2)e^{\alpha t}$$

(iii) A の固有方程式が虚数解 $a \pm bi$ $(a, b$ は実数$)$ をもつとき

$$x(t) = C_1 e^{at} \sin(bt + C_2)$$

の形で表されることがわかります。

【参考】

行列に関する知識をある程度もっていれば, 2 行 2 列の行列 A に対して

$$e^{At} = I + (At) + \frac{1}{2}(At)^2 + \frac{1}{3!}(At)^3 + \cdots + \frac{1}{n!}(At)^n + \cdots$$

$$(I \text{ は単位行列})$$

と定義し, $\overrightarrow{x(t)} = \begin{pmatrix} x(t) \\ y(t) \end{pmatrix}$ とおくと

$$\frac{d}{dt}\overrightarrow{x(t)} = A\overrightarrow{x(t)}$$

の解が

$$\overrightarrow{x(t)} = e^{At}\overrightarrow{x(0)}$$

であることがわかります。また, e^{At} については

(i) A が異なる固有値 α, β をもつ場合 (虚数解の場合も含む)

行列のスペクトル分解 $A = \alpha P + \beta Q$ $\left(\text{ただし}, P = \dfrac{A - \beta I}{\alpha - \beta}, Q = \dfrac{A - \alpha I}{\beta - \alpha} \right)$

より

$$(At)^n = (\alpha^n P + \beta^n Q)t^n$$

となることより

$$e^{At} = e^{\alpha t} P + e^{\beta t} Q$$

したがって,

$$\overrightarrow{x(t)} = (e^{\alpha t}P + e^{\beta t}Q)\overrightarrow{x(0)}$$

(ii) A の固有方程式が重解 α をもつとき

$N = A - \alpha I$ とおくと, $A = \alpha I + N$, $N^2 = O$ より

$$(At)^n = (\alpha t)^n I + nt(\alpha t)^{n-1}N$$

となるから

$$e^{At} = e^{\alpha t}I + te^{\alpha t}N$$

したがって,

$$\overrightarrow{x(t)} = (e^{\alpha t}I + te^{\alpha t}N)\overrightarrow{x(0)}$$
$$= e^{\alpha t}(I + tN)\overrightarrow{x(0)}$$

と表されることがわかります。

　ここではこちらの説明の方が (予備知識を多く使うため) 難しいと考えて,【参考】にとどめました。

6.3　微分方程式系 (6.7), (6.8) の解

　ここから先は, $ps - qr \neq 0$ とします。この場合, (6.7), (6.8) の解は次のように求めることができます。まず, 連立方程式

$$\begin{cases} -px + qy + g = 0 \\ rx - sy + h = 0 \end{cases}$$

の解を $(x, y) = (\overline{x}, \overline{y})$ とします。したがって, $\overline{x}, \overline{y}$ は $g = p\overline{x} - q\overline{y}, h = -r\overline{x} + s\overline{y}$ を満たすわけですから, (6.7) は次のように書き換えることができます。

$$\begin{aligned} \frac{dx}{dt} &= -px + qy + (p\overline{x} - q\overline{y}) \\ &= -p(x - \overline{x}) + q(y - \overline{y}) \end{aligned} \tag{6.7}'$$

以後, t に関する微分を記号 「$'$」 で表すことにし, $\dfrac{dx}{dt} = x' = (x - \overline{x})'$ に注意すると (6.7)$'$ は

$$(x - \overline{x})' = -p(x - \overline{x}) + q(y - \overline{y})$$

のようになり, さらに, $u = x - \overline{x}, v = y - \overline{y}$ とおくと, この式は

$$u' = -pu + qv \tag{6.23}$$

となります。同様に (6.8) は

$$v' = ru - sv \tag{6.24}$$

となります。さて, 前半で解説したように u, v はともに 2 階の微分方程式

$$z'' + (p + s)z' + (ps - qr) = 0 \tag{6.25}$$

の解です。まず, 2 次方程式

$$\lambda^2 + (p + s)\lambda + (ps - qr) = 0 \tag{6.26}$$

の 2 解を α, β, 判別式を D とおくと

$$D = (p+s)^2 - 4(ps - qr) = (p-s)^2 + 4qr > 0 \qquad (\because\ q, r\ は正)$$

より α, β は実数で, しかも解と係数の関係を用いれば

$$\alpha + \beta = -(p+s) < 0 \quad (\because\ p > 0,\ s > 0)$$

ですので, α, β のうち少なくとも一方は負です。また, ここでは, $ps - qr \neq 0$ の場合を考えていますから α, β は 0 ではありません。したがって, $\alpha \neq \beta$ とすれば (6.23), (6.24) で与えられる $u(t)$, $v(t)$ は

$$u(t) = C_1 e^{\alpha t} + C_2 e^{\beta t} \qquad (6.27)$$

$$v(t) = D_1 e^{\alpha t} + D_2 e^{\beta t} \qquad (6.28)$$

(C_1, C_2, D_1, D_2 は $x(t)$, $y(t)$ の初期条件で決まる定数)

と表せます。一方, $\alpha = \beta\ (< 0)$ の場合は

$$u(t) = (C_1 t + C_2) e^{\alpha t}$$

$$v(t) = (D_1 t + D_2) e^{\alpha t}$$

と表せます。

(6.26) の 2 解の和は負でしたから $\alpha = \beta$ のときは必ず $\alpha = \beta < 0$ となります。

　さて, 本章での興味は A 国と B 国は平和を保つか戦争に突入してしまうのかということでしたから, 数式上では十分時間がたったとき $(t \to \infty)$, $u(t)$, $v(t)$ がある正の数に収束する (これは平和を保つ場合) のか, あるいは ∞ に発散してしまう (これは戦争に突入する場合) のかがここでは重要です。これについての答は (6.27), (6.28) から次のようなことがいえます。

[1]　α, β がともに負の場合 ($\alpha = \beta$ の場合も含む)

　C_1, C_2, D_1, D_2 の値によらず (すなわち, $x(t)$, $y(t)$ の初期条件によらず), $\displaystyle \lim_{t \to \infty} u(t) = 0,\ \lim_{t \to \infty} v(t) = 0$ ですから,

$$\lim_{t \to \infty} x(t) = \overline{x}, \qquad \lim_{t \to \infty} y(t) = \overline{y}$$

となる，すなわち，$x(t), y(t)$ はそれぞれ $\overline{x}, \overline{y}$ に収束し A 国, B 国は「平和」に向かいます。

連立方程式を解いて，実際に $\overline{x}, \overline{y}$ を求めると

$$\overline{x} = \frac{sg + qh}{ps - qr}, \ \overline{y} = \frac{rg + ph}{ps - qr}$$

となります。また，$ps - qr = \alpha\beta > 0$ ですから，この場合は $\overline{x} > 0, \overline{y} > 0$ がいえます。

[2]　$\alpha < 0 < \beta$ の場合

(6.27), (6.28) において，C_2 の値は次のように決まります。$u(0) = u_0 \ (> 0)$, $v(0) = v_0 \ (> 0)$ とおくと (6.27) より $u(0) = C_1 + C_2$ であるから

$$C_1 + C_2 = u_0 \tag{6.29}$$

また，(6.27) より $u'(t) = \alpha C_1 e^{\alpha t} + \beta C_2 e^{\beta t}$ であり，一方で (6.23) より $u'(t) = -pu(t) + qv(t)$ であるので，$t = 0$ の場合を考えて

$$\alpha C_1 + \beta C_2 = -pu_0 + qv_0 \tag{6.30}$$

ここで，(6.30) $-$ (6.29) $\times \alpha$ を考えて

$$(\beta - \alpha)C_2 = (-p - \alpha)u_0 + qv_0$$

$$\therefore \quad C_2 = \frac{(-p - \alpha)u_0 + qv_0}{\beta - \alpha}$$

となります。C_2 の正負については，$\alpha < 0 < \beta, u_0 > 0, v_0 > 0, q > 0$ であり，また，$\alpha + \beta = -(p + s)$ より $-p - \alpha = \beta + s > 0$ であるので $C_2 > 0$ がいえます。同様に $D_2 > 0$ も成り立つので，$\lim_{t \to \infty} e^{\beta t} = \infty$ より

$$\lim_{t \to \infty} u(t) = \infty, \ \lim_{t \to \infty} v(t) = \infty$$

よって，

$$\lim_{t \to \infty} x(t) = \infty, \ \lim_{t \to \infty} y(t) = \infty$$

となります。これは, A 国と B 国が戦争状態になることを意味します。

これまでの考察から, A 国と B 国の関係については次のようにまとめること
ができます。

---

2 国 A, B の時刻 t における軍事力 $x(t), y(t)$ が微分方程式 (6.7), (6.8)
で与えられるとする。ただし, $ps - qr \neq 0$ であるとする。このとき, 十分
時間が過ぎたときの 2 国関係は

(i) $ps - qr > 0$ であれば**安定する**。すなわち,

$$\lim_{t \to \infty} x(t) = \frac{sg + qh}{ps - qr}$$

$$\lim_{t \to \infty} y(t) = \frac{rg + ph}{ps - qr}$$

となる。

(ii) $ps - qr < 0$ であれば**戦争**になる。すなわち,

$$\lim_{t \to \infty} x(t) = \infty$$

$$\lim_{t \to \infty} y(t) = \infty$$

となる。

6.4　行列を用いて検証する

　前半では【参考】にとどめておきましたが, 行列のスペクトル分解を利用すると, (6.7), (6.8) の解 $x(t)$, $y(t)$ の動きがより一層はっきりとします。ここから先は 2 次方程式 (6.26) の 2 解 (すなわち, A の固有値) が異なる場合のみを扱うこととします。

　まず, 行列 $A = \begin{pmatrix} -p & q \\ r & -s \end{pmatrix}$ に対し,

$$P = \frac{A - \beta I}{\alpha - \beta}, \quad Q = \frac{A - \alpha I}{\beta - \alpha}$$

とおくと, 前半でも説明したとおり (6.23), (6.24) の解は次のように表せます。

$$\begin{pmatrix} u(t) \\ v(t) \end{pmatrix} = e^{\alpha t} P \vec{u_0} + e^{\beta t} Q \vec{u_0} \qquad \left(\text{ただし, } \vec{u_0} = \begin{pmatrix} u(0) \\ v(0) \end{pmatrix} \right)$$

ここで, $P\vec{u_0}$, $Q\vec{u_0}$ はそれぞれ A の固有値 α, β に対する固有ベクトル $\vec{e_\alpha}$, $\vec{e_\beta}$ と平行なベクトルでありこれを図示すると次のようになります。

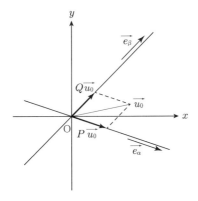

　点 $(u(t), v(t))$ は点 $(Ae^{\alpha t}, Be^{\beta t})$ の軌跡である曲線 $y = Cx^{\frac{\beta}{\alpha}}$ (C は定数) を 1 次変換した曲線を描くので, $ps - qr$ の正負によって次のようになります。

(i) $ps - qr > 0$ の場合 $\left(\dfrac{\beta}{\alpha} > 0 \text{ の場合} \right)$ $\left(\text{この図は } \dfrac{\beta}{\alpha} > 1 \text{ の場合} \right)$

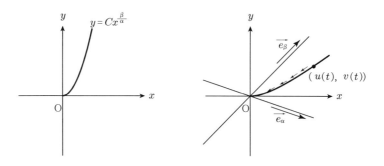

(ii) $ps - qr < 0$ の場合 $\left(\dfrac{\beta}{\alpha} < 0 \text{ の場合} \right)$

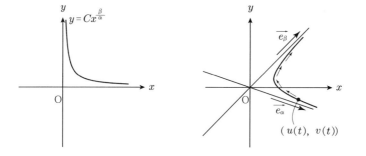

　　$(x(t), y(t))$ の描く曲線は上の曲線を原点 O が $(\bar{x}, \bar{y})$ となるように平行移動した曲線を描くことになるので, 点 $(x(t), y(t))$ が「ある点に近づく」あるいは「無限に遠ざかっていく」かどうかについては上と同様, $ps - qr$ の正負で決まります。

6.5　具体例

さて, 今度は具体的な微分方程式で解 $x(t)$, $y(t)$ を動きを見てみましょう。

(その 1 : $ps - qr > 0$ の場合)

次の微分方程式で与えられる $x(t)$, $y(t)$ について考えましょう。

$$\frac{dx}{dt} = -3x + y + 9$$

$$\frac{dy}{dt} = 2x - 4y + 4$$

$$x(0) = 7, y(0) = 5$$

まず, 連立方程式

$$\begin{cases} -3x + y + 9 = 0 \\ 2x - 4y + 4 = 0 \end{cases}$$

を解いて, $(x, y) = (4, 3)$ を得ます。したがって, $u = x - 4$, $v = y - 3$ とおくと

$$\frac{du}{dt} = -3u + v$$

$$\frac{dv}{dt} = 2u - 4v$$

となり, さらに, $u(0) = 3$, $v(0) = 2$ です。この場合, 行列 $A = \begin{pmatrix} -3 & 1 \\ 2 & -4 \end{pmatrix}$

の固有方程式は

$$\lambda^2 + 7\lambda + 10 = 0$$

であり, 固有値は $\lambda = -2, -5$ です。さらに,

$$P = \frac{A + 5I}{-2 - (-5)} = \frac{1}{3} \begin{pmatrix} 2 & 1 \\ 2 & 1 \end{pmatrix}$$

$$Q = \frac{A+2I}{-5-(-2)} = \frac{1}{3} \begin{pmatrix} 1 & -1 \\ -2 & 2 \end{pmatrix}$$

とおくと,

$$\begin{pmatrix} u(t) \\ v(t) \end{pmatrix} = e^{-2t} \cdot \frac{1}{3} \begin{pmatrix} 2 & 1 \\ 2 & 1 \end{pmatrix} \begin{pmatrix} 3 \\ 2 \end{pmatrix} + e^{-5t} \cdot \frac{1}{3} \begin{pmatrix} 1 & -1 \\ -2 & 2 \end{pmatrix} \begin{pmatrix} 3 \\ 2 \end{pmatrix}$$

$$= \frac{8}{3} e^{-2t} \begin{pmatrix} 1 \\ 1 \end{pmatrix} + \frac{1}{3} e^{-5t} \begin{pmatrix} 1 \\ -2 \end{pmatrix}$$

$$\therefore \quad u(t) = \frac{1}{3}(8e^{-2t} + e^{-5t})$$

$$v(t) = \frac{1}{3}(8e^{-2t} - 2e^{-5t})$$

したがって,

$$x(t) = \frac{1}{3}(8e^{-2t} + e^{-5t}) + 4$$

$$y(t) = \frac{1}{3}(8e^{-2t} - 2e^{-5t}) + 3$$

となります. また, $(x(t), y(t))$ の動きは次のようになります. (この場合は $x(t)$, $y(t)$ はそれぞれ $\lim_{t\to\infty} x(t) = 4$, $\lim_{t\to\infty} y(t) = 3$ となり, 「平和」に解決する場合と考えられます.)

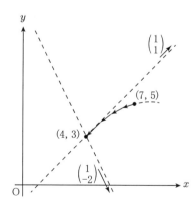

行列の知識を用いずに $u(t)$, $v(t)$ を求めると次のようになります。

$$\frac{du}{dt} = -3u + v, \qquad \frac{dv}{dt} = 2u - 4v$$

より 2 次方程式 $\lambda^2 + 7\lambda + 10 = 0$ を作り $\lambda = -2, -5$ を求めます。ここから,

$$u(t) = C_1 e^{-2t} + C_2 e^{-5t}$$
$$v(t) = D_1 e^{-2t} + D_2 e^{-5t}$$

とおきます。まず, $u(0) = 3$ であることから

$$C_1 + C_2 = 3$$

次に, $\frac{du}{dt} = -3u + v$ に $t = 0$ を代入することで,

$$u'(0) = -3u(0) + v(0) = -3 \cdot 3 + 2 = -7$$

一方, $u'(t) = -2C_1 e^{-2t} - 5C_2 e^{-5t}$ であるから

$$-2C_1 - 5C_2 = -7$$

したがって,

$$C_1 = \frac{8}{3}, \quad C_2 = \frac{1}{3}$$

となり,

$$u(t) = \frac{8}{3} e^{-2t} + \frac{1}{3} e^{-5t}$$

が得られます。同様にして $v(t)$ も得られます。

(その 2 : $ps - qr < 0$ の場合)

今度は, 次の微分方程式で与えられる $x(t)$, $y(t)$ について考えてみましょう。

$$\frac{dx}{dt} = -x + 3y + 4$$
$$\frac{dy}{dt} = 6x - 4y + 18$$

$$x(0) = 4,\, y(0) = 2$$

まず, 連立方程式

$$\begin{cases} -x + 3y + 4 = 0 \\ 6x - 4y + 18 = 0 \end{cases}$$

を解くと, $x = -5,\, y = -3$ が得られます。そこで, $u = x + 5,\, v = y + 3$ とおくと, $u,\, v$ は

$$\frac{du}{dt} = -u + 3v, \qquad \frac{dv}{dt} = 6u - 4v$$

$$u(0) = 9,\, v(0) = 5$$

を満たします。今度の場合は, 行列 $\begin{pmatrix} -1 & 3 \\ 6 & -4 \end{pmatrix}$ の固有値は -7 および 2 であり, 正の固有値をもつ点が先ほどの (その 1) と異なる点です。先ほどと同様に $u(t),\, v(t)$ を求めると

$$\begin{pmatrix} u(t) \\ v(t) \end{pmatrix} = e^{-7t} \cdot \frac{1}{3} \begin{pmatrix} 1 & -1 \\ -2 & 2 \end{pmatrix} \begin{pmatrix} 9 \\ 5 \end{pmatrix} + e^{2t} \cdot \frac{1}{3} \begin{pmatrix} 2 & 1 \\ 2 & 1 \end{pmatrix} \begin{pmatrix} 9 \\ 5 \end{pmatrix}$$

$$= \frac{4}{3} e^{-7t} \begin{pmatrix} 1 \\ -2 \end{pmatrix} + \frac{23}{3} e^{2t} \begin{pmatrix} 1 \\ 1 \end{pmatrix}$$

$$\therefore \quad u(t) = \frac{4}{3} e^{-7t} + \frac{23}{3} e^{2t}$$

$$v(t) = -\frac{8}{3} e^{-7t} + \frac{23}{3} e^{2t}$$

したがって,

$$x(t) = \frac{4}{3} e^{-7t} + \frac{23}{3} e^{2t} - 5$$

$$y(t) = -\frac{8}{e} e^{-7t} + \frac{23}{3} e^{2t} - 3$$

となります。今度は $\lim_{t \to \infty} x(t) = \infty$, $\lim_{t \to \infty} y(t) = \infty$ となり, 「戦争」に突入し

てしまうケースです。$(x(t), y(t))$ の動きを書くと次のようになります。

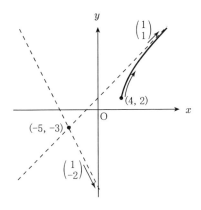

　このように, 2 国の軍事力 $x(t)$, $y(t)$ が微分方程式系 (6.7), (6.8) に従うという仮定のもとでは, (6.7), (6.8) における p, q, r, s の値によって, 将来 2 国 A, B が平和状態を保つか戦争状態になるかが (p, q, r, s の値がわかった段階で) わかるわけです。何らかの方法で p, q, r, s の値がわかり $ps - qr < 0$ であったならば, 政治家は戦争を避けるためにこの p, q, r, s の値が変わるように内政, あるいは外交の努力をすべきなのでしょう。

第7章　追跡曲線

　最近のミサイルは「赤外線追尾装置」というものが備え付けられていて，戦闘機のように動く目標物に対してはそこから出るガス，熱等に反応しそれを追いかけるように進路を設定することができます。そこで，本章では上空の飛行物体をこの赤外線追尾装置を備えたミサイルが追いかけるとき，ミサイルがどのような軌道を描き，どのくらいの時間が経過した後に目標物を捕らえるのかについて考えていこうと思います。

　さて，今 O 地点の真上を偵察機 P が通過したとしましょう。この偵察機はこの後も高さを変えずに上空を速度 v_P で等速直線運動しているものとします。また，O 地点には追撃ミサイルが設置しており P が水平距離で a だけ離れたときに P をめがけて一定の速さ v_M（ただし，$v_M > v_P$）で「追いかける」ものとします。この場合の「追いかける」の意味は，つねにミサイルの進行方向には偵察機があるように P よりも速い速さで「追いかける」の意味です。

7.1　座標の設定と問題点の整理

　この問題の場合, 偵察機 P とミサイル M はつねにある平面内を動きますからこの平面を xy 平面とし, x 軸を水平方向, y 軸を鉛直方向にとります.

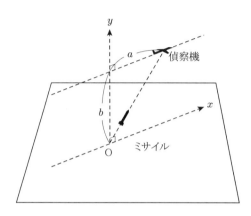

　また, P は直線 $y = b \, (> 0)$ 上を O から遠ざかるように速度 v_{P} で動き, ミサイルが発射されたとき点 $(a, b) \, (a > 0)$ を通過したとします. したがって, ミサイルが発射されて t 秒後の P の位置は $(a + v_{\mathrm{P}} t, b)$ となります.

　一方, ミサイル M が発射されてから t 秒後の (M の) 位置を $(x_{\mathrm{M}}(t), y_{\mathrm{M}}(t))$, あるいは単に $(x_{\mathrm{M}}, y_{\mathrm{M}})$ で表すことにします. これから求めるのは M の軌道 (これを L とおくことにします), すなわち, x_{M} と y_{M} の関係式です. これを求めることによって M がどの地点で P に追いつくか, そして, P に追いつくまでにどのくらいの時間がかかるかがわかります. また, 以下においては時間に関する微分を $\dot{x}_{\mathrm{M}}$ のように表すことにします.

　さて, M の速度ベクトルは $\begin{pmatrix} \dot{x}_{\mathrm{M}} \\ \dot{y}_{\mathrm{M}} \end{pmatrix}$ ですから点 M における L の接線の式は

$$y - y_{\mathrm{M}} = \frac{\dot{y}_{\mathrm{M}}}{\dot{x}_{\mathrm{M}}}(x - x_{\mathrm{M}})$$

となります。

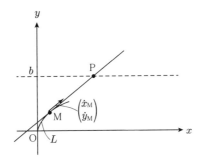

この接線上に点 $\mathrm{P}(a + v_{\mathrm{P}}t, b)$ があるので

$$b - y_{\mathrm{M}} = \frac{\dot{y}_{\mathrm{M}}}{\dot{x}_{\mathrm{M}}}(a + v_{\mathrm{P}}t - x_{\mathrm{M}})$$

$$\therefore \quad \dot{x}_{\mathrm{M}}(b - y_{\mathrm{M}}) = \dot{y}_{\mathrm{M}}(a + v_{\mathrm{P}}t - x_{\mathrm{M}})$$

ここで, $x_{\mathrm{M}}, y_{\mathrm{M}}$ を単に x, y と書くことにすると

$$\dot{x}(b - y) = \dot{y}(a + v_{\mathrm{P}}t - x) \tag{7.1}$$

となります。また, M の速さが一定であることから $\dot{x}$ と $\dot{y}$ の間には

$$(\dot{x})^2 + (\dot{y})^2 = (v_{\mathrm{M}})^2 \tag{7.2}$$

が成り立ちます。(7.1), (7.2) を満たす x と y の関係式を求めればよいのです。

7.2 ミサイルの軌道を求める

$\dfrac{\dot{x}}{\dot{y}} = \dfrac{\dfrac{dx}{dt}}{\dfrac{dy}{dt}} = \dfrac{dx}{dy}$ ですから (7.1) の両辺を $\dot{y}$ で割ることによって (7.1) は

$$\frac{dx}{dy}(b - y) = a + v_{\mathrm{P}}t - x$$

となります。両辺を t で微分すると

$$\frac{d^2x}{dy^2}\frac{dy}{dt}(b - y) - \frac{dx}{dy}\frac{dy}{dt} = v_{\mathrm{P}} - \frac{dx}{dt}$$

$$\therefore \quad \frac{d^2x}{dy^2}\frac{dy}{dt}(b - y) = v_{\mathrm{P}} \tag{7.3}$$

が得られます。一方, (7.2) から

$$(\dot{y})^2 \left\{ \left(\frac{\dot{x}}{\dot{y}}\right)^2 + 1 \right\} = (v_{\mathrm{M}})^2 \quad \left(\frac{\dot{x}}{\dot{y}} = \frac{dx}{dy} \ \text{より} \right)$$

$$\frac{dy}{dt} = \frac{v_{\mathrm{M}}}{\sqrt{\left(\frac{dx}{dy}\right)^2 + 1}}$$

が得られて, これを (7.3) に代入すると

$$\frac{d^2x}{dy^2} \cdot \frac{v_{\mathrm{M}}}{\sqrt{\left(\frac{dx}{dy}\right)^2 + 1}}(b - y) = v_{\mathrm{P}}$$

となり, これは $c = \dfrac{v_{\mathrm{P}}}{v_{\mathrm{M}}}$ とおくと

$$\therefore \quad \frac{d^2x}{dy^2}(b - y) = c\sqrt{\left(\frac{dx}{dy}\right)^2 + 1} \tag{7.4}$$

となります。この微分方程式は $\dfrac{dx}{dy} = p$ とおくことによって解くことができます。実際, $p = \dfrac{dx}{dy}$ のとき

$$\frac{dp}{dy} = \frac{d^2x}{dy^2}$$

であることに注意すると (7.4) は

$$\frac{dp}{dy}(b-y) = c\sqrt{p^2+1}$$

となり, これは変数分離形の微分方程式で

$$\int \frac{dp}{\sqrt{p^2+1}} = c \int \frac{dy}{b-y}$$

となって, 両辺の積分を求めると

$$\log(p + \sqrt{p^2+1}) = -\log(b-y) + C_1 \tag{7.5}$$

が得られます. ここで $t=0$ のとき

$$y = 0 \qquad\qquad (最初, \text{M は O から飛び出す})$$

$$p\left(=\frac{dx}{dy}\right) = \frac{a}{b} \qquad (最初 \text{M は点 }(a,b)\text{ をめがけて飛び出す})$$

であるので, $f = \frac{a}{b} + \sqrt{\left(\frac{a}{b}\right)^2 + 1}$ とおくと, (7.5) の積分定数 C_1 は $t=0$ の場合を考えることにより

$$\log f = -c\log b + C_1$$

$$C_1 = \log f + c\log b$$

$$= \log fb^c$$

したがって, (7.5) より

$$\log(p + \sqrt{p^2+1}) = -c\log(b-y) + \log fb^c$$

$$\therefore \quad \log(p + \sqrt{p^2+1}) = \log \frac{fb^c}{(b-y)^c}$$

$$\therefore \quad p + \sqrt{p^2+1} = \frac{fb^c}{(b-y)^c}$$

となります. ここから p について解くには, まず左辺の p を右辺に移項して両辺を 2 乗します. すなわち,

$$\sqrt{p^2+1} = \frac{fb^c}{(b-y)^c} - p$$

とし, 両辺を 2 乗して

$$p^2 + 1 = \frac{f^2 b^{2c}}{(b-y)^{2c}} - \frac{2pfb^c}{(b-y)^c} + p^2$$

$$\therefore \quad \frac{2pfb^c}{(b-y)^c} = \frac{f^2 b^{2c}}{(b-y)^{2c}} - 1$$

$$\therefore \quad p = \frac{1}{2}\left\{ \frac{fb^c}{(b-y)^c} - \frac{(b-y)^c}{fb^c} \right\}$$

よって,

$$\frac{dx}{dy} = \frac{1}{2}\left\{ \frac{fb^c}{(b-y)^c} - \frac{(b-y)^c}{fb^c} \right\}$$

となります。この両辺を y で積分すると

$$x = \frac{1}{2}\left\{ \frac{fb^c}{c-1}(b-y)^{1-c} + \frac{(b-y)^{c+1}}{(c+1)fb^c} \right\} + C_2 \qquad (7.6)$$

が得られます。

ミサイル M の速さ v_M は偵察機 P の速さ v_P より速いと仮定しているので $v_\mathrm{M} > v_\mathrm{P}$ であるので,

$$c = \frac{v_\mathrm{P}}{v_\mathrm{M}} < 1$$

となります。したがって, $1 - c > 0$ となります。

　式 (7.6) における積分定数 C_2 は $y = 0$ のとき $x = 0$ であること (ミサイルは原点 O から発射されたこと) から

$$0 = \frac{1}{2}\left\{ \frac{fb^c}{c-1}b^{1-c} + \frac{b^{c+1}}{(c+1)fb^c} \right\} + C_2$$

$$\therefore \quad C_2 = -\frac{1}{2}\left\{ \frac{fb}{c-1} + \frac{b}{(c+1)f} \right\}$$

$$= -\frac{1}{2} \cdot \frac{b\{f^2(c+1) + (c-1)\}}{(c-1)(c+1)f}$$

$$= \frac{b\{(f^2+1)c + f^2 - 1\}}{2f(1-c^2)} \qquad (7.7)$$

となります。

さて, ミサイル M が偵察機 P を撃墜するとは, M の座標が P の座標と一致することであるから, $y = b$ を (7.6) に代入すると

$$x = C_2$$

すなわち, (7.7) より

$$x = \frac{b\{(f^2 + 1)c + f^2 - 1\}}{2f(1 - c^2)}$$

となります。このとき M の x 座標は P の x 座標 $a + v_\mathrm{P}t$ と一致するので

$$a + v_\mathrm{P}t = \frac{b\{(f^2 + 1)c + f^2 - 1\}}{2f(1 - c^2)}$$

$$\therefore \quad t = \frac{1}{v_\mathrm{P}} \left\{ \frac{b\{(f^2 + 1)c + f^2 - 1\}}{2f(1 - c^2)} - a \right\}$$

となり, これが M が P に当たるまでにかかる時間でこれを T とおくことにしましょう。T はさらに次のように変形できます。

まず, $f = \dfrac{a}{b} + \sqrt{\left(\dfrac{a}{b}\right)^2 + 1}$ より

$$f - \frac{a}{b} = \sqrt{\left(\frac{a}{b}\right)^2 + 1}$$

両辺を 2 乗して

$$f^2 - \frac{2a}{b}f + \frac{a^2}{b^2} = \frac{a^2}{b^2} + 1$$

$$\therefore \quad f^2 = \frac{2a}{b}f + 1 \tag{7.8}$$

となり, さらに両辺を f で割ると

$$f = \frac{2a}{b} + \frac{1}{f}$$

$$\therefore \quad \frac{1}{f} = f - \frac{2a}{b}$$

$$= \left(\frac{a}{b} + \sqrt{\left(\frac{a}{b}\right)^2 + 1} \right) - \frac{2a}{b}$$

$$= \sqrt{\frac{a^2}{b^2} + 1} - \frac{a}{b}$$

$$\therefore \quad \frac{b}{f} = \sqrt{a^2 + b^2} - a \tag{7.9}$$

が得られ, これを後の計算のため準備しておきます.

さて, これらを用いると T は

$$T = \frac{1}{v_\mathrm{P}} \left\{ \frac{b\{(f^2+1)c + f^2 - 1\}}{2f(1-c^2)} - a \right\} \qquad ((7.8)\text{ を用いて})$$

$$= \frac{1}{v_\mathrm{P}} \left\{ \frac{b\left\{\left(\dfrac{2a}{b}f + 2\right)c + \dfrac{2a}{b}f\right\}}{2f(1-c^2)} - a \right\}$$

$$= \frac{(2af + 2b)c + 2af - 2af(1-c^2)}{2v_\mathrm{P}f(1-c^2)}$$

$$= \frac{(af + b)c + ac^2 f}{v_\mathrm{P}f(1-c^2)}$$

$$= \frac{\left(\dfrac{b}{f} + a + ac\right)c}{v_\mathrm{P}(1-c^2)} \qquad ((7.9)\text{ を用いて})$$

$$= \frac{(\sqrt{a^2+b^2} + ac)c}{v_\mathrm{P}(1-c^2)} \qquad \left(c = \frac{v_\mathrm{P}}{v_\mathrm{M}} \text{ より}\right)$$

$$= \frac{(\sqrt{a^2+b^2} + ac)\dfrac{v_\mathrm{P}}{v_\mathrm{M}}}{v_\mathrm{P}(1-c^2)}$$

$$= \frac{\sqrt{a^2+b^2} + ac}{v_\mathrm{M}(1-c^2)}$$

のようになります. さらに T がこの形で表されることにより, M が P を捕らえた地点までの水平距離 L は

$$L = a + v_\mathrm{P}T$$

$$= a + v_\mathrm{P} \cdot \frac{\sqrt{a^2+b^2} + ac}{v_\mathrm{M}(1-c^2)} \qquad \left(c = \frac{v_\mathrm{P}}{v_\mathrm{M}} \text{ より}\right)$$

$$= a + \frac{(\sqrt{a^2 + b^2} + ac)c}{1 - c^2}$$

のように表すことができます。

今までの結果をまとめておきましょう。

　　上空 b km を速さ v_P で等速直線運動をする偵察機 P がある。P の軌道とミサイル M の発射地点 O は同一平面上にあるものとし，P が O からの水平距離 a km の地点にあるとき (P は遠ざかる向きを向いている) 速さ v_M のミサイルを発射すると，爆破までにかかる時間 T は

$$T = \frac{\sqrt{a^2 + b^2} + ac}{v_M(1 - c^2)}$$

である。また，爆破地点は O から

$$L = a + \frac{(\sqrt{a^2 + b^2} + ac)c}{1 - c^2}$$

だけ離れた地点の上空である。

7.3　具体例

　それでは, 具体的な数値をあてはめて計算してみましょう。日本が所有してい
たとされる偵察機に RF-4E というものがありました[1]。こちらを調べてみます
と「最高速度はマッハ 2.2」とありましたので, 偵察機の速さはマッハ 2 と設定
しましょう。マッハ 2 とは音速の 2 倍のことで, マッハ 1 は秒速 340m, すな
わち時速 1224 km です。偵察機でなく戦闘機でも音速を超えて飛ぶのは当たり
前のようなのでこの設定で妥当でしょう。また, 本来偵察機は高高度といわれる
領域 (上空 20000 m 以上, 地対空ミサイルの届かない範囲) を飛びそこから敵
国の施設の写真等の情報を送ってくるのですが, ここではミサイルの届く上空
5000m を飛行しているということにします。

　ミサイルについては, 湾岸戦争 (1990 – 1991) で有名になったパトリオットミ
サイル (MIM-104) の最高速度がおよそマッハ 5 (秒速 1720m) であるとのこと
なのでこれを用いることにします。

　さて, ミサイルの発射地点から 10km 離れた地点にいる偵察機をミサイルが
追いかけるとしましょう。このとき

$$a = 10, \quad b = 5$$

$$v_P = 0.68, \quad v_M = 1.72, \quad c = \frac{2}{5}$$

ですから,

$$T = \frac{\sqrt{10^2 + 5^2} + 10 \times 0.4}{1.72(1 - 0.4^2)}$$

$$\fallingdotseq 10.5 \ (秒)$$

$$L = 10 + \frac{\sqrt{10^2 + 5^2} + 10 \times 0.4) \times 0.4}{1 - 0.4^2}$$

$$\fallingdotseq 17.14 \ km$$

---

[1] 2020 年廃止。

が得られ, ミサイルは偵察機を約 17.14km 離れた地点で, 約 10.5 秒後に打ち落とすことがわかります。また, この場合のミサイルの軌道は式 (7.6) に必要な値を当てはめることによって, およそ

$$x = -6.72(5 - y)^{0.6} + 0.044(5 - y)^{1.4} + 17.14$$

となり, これを図示すると下のようになります。

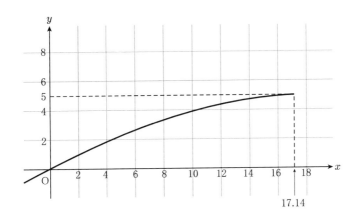

第8章　最速降下線

　最も早く滑り終わる滑り台を考えましょう。これは次のような問題を考えることになります。

▶▶ **例題 8 − 1** ▶▶

　地面 (水平面) から高さ h (> 0) の位置に点 O がある。O から地面におろした垂線の足を H とし, H から水平距離 l (> 0) の位置に点 A がある。O から滑り始めて A に到達する滑り台を作るとき, 最も早く A に到達するような滑り台はどのような曲線になるように作ればよいか。(ただし, 滑り台は O, A, H を含む平面に含まれるものとする)

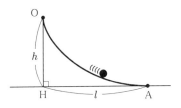

　この章では, 話を簡単にするため一部数学的に厳密ではない部分が含まれます。おおよそどのような経緯から最も早く滑り終わる曲線 (最速降下線という) が得られるのかを楽しんでいただけるとよいと思います。

8.1 設定と問題点

図のように x 軸, y 軸を定め, 球 P を点 O$(0,0)$ から点 A(x_A, y_A) まで転がすこととします.

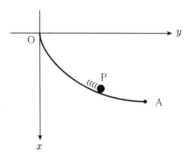

ここで, P の質量を m, 重力加速度を g とし, P の初速度は 0 とします. また, P が転がる軌道を $C : y = y(x)$ とし (C は十分に滑らかとします), P が C 上を転がって O から P に達するまでにかかる時間を T とおきます. さらに T が最小になるような C を考えるので $\dfrac{dy}{dx} > 0$ であることおよび T を最小にするような C が存在することを仮定します.

さて, P の x 座標が x $(0 \leq x \leq x_A)$ のときの P の速さを $v(x)$ (≥ 0) とおくと, エネルギー保存則から

$$mgx = \frac{1}{2} mv(x)^2$$

が成り立つのでここから

$$v(x) = \sqrt{2gx} \qquad (\because \ v(x) \geq 0)$$

が得られます. ここで, C 上の O から P までの弧長を s とおくと P が微小長さ ds を通過するのにかかる時間は

$$\frac{ds}{v(x)} = \frac{ds}{\sqrt{2gx}}$$

であり, さらに

$$ds = \sqrt{(dx)^2 + (dy)^2}$$
$$= \sqrt{1 + \left(\frac{dy}{dx}\right)^2}\, dx$$

であるので, O から A までの弧長を L とおくと

$$T = \int_0^L \frac{ds}{v(x)}$$
$$= \int_0^{x_A} \frac{\sqrt{1 + \left(\dfrac{dy}{dx}\right)^2}}{\sqrt{2gx}}\, dx$$
$$= \frac{1}{\sqrt{2g}} \int_0^{x_A} \frac{1}{\sqrt{x}} \sqrt{1 + \left(\frac{dy}{dx}\right)^2}\, dx \tag{8.1}$$

となり, (8.1) で与えられる T を最小にする $y = y(x)$ を求めることがここでの
目標です。

8.2 y の満たす微分方程式を作る

さて, $y = y(x)$ が T を最小にする関数の場合,

「微小な値 (0 に近い値) をとる任意の $\varphi(x)$ ($0 \leq x \leq x_A$) に対して (ただし,
$\varphi(0) = \varphi(x_A) = 0$)

$$\frac{1}{\sqrt{2g}} \int_0^{x_A} \frac{1}{\sqrt{x}} \sqrt{1 + \left(\frac{d(y + \varphi)}{dx}\right)^2}\, dx \fallingdotseq \frac{1}{\sqrt{2g}} \int_0^{x_A} \frac{1}{\sqrt{x}} \sqrt{1 + \left(\frac{dy}{dx}\right)^2}\, dx$$

となる。」
あるいは,

「任意の $\varphi(x)$ ($0 \leq x \leq x_A$, $\varphi(0) = \varphi(x_A) = 0$) に対して ε の関数

$$\Phi(\varepsilon) = \int_0^{x_A} \frac{1}{\sqrt{x}} \sqrt{1 + \left(\frac{d(y + \varepsilon\varphi)}{dx}\right)^2}\, dx$$

は $\Phi'(0) = 0$ を満たす。」

と考えられます。

これは, 微分可能関数 $f(x)$ が $x = a$ で最小になるとき, 十分小さな h に対して $f(a + h) \fallingdotseq f(a)$ となること, あるいは $f'(a) = 0$ となることと同じことです。

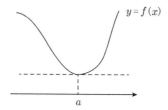

また, $\Phi'(0) = 0$ となる y がただ 1 つ定まり, T を最小にする y が存在する仮定から, 後で $\Phi'(0) = 0$ を満たす y が求める関数であることが正当化されます。

そこで, $\Phi'(0) = 0$ となることを用いると

$$\lim_{\varepsilon \to 0} \frac{1}{\varepsilon} \left\{ \int_0^{x_A} \frac{1}{\sqrt{x}} \sqrt{1 + \left(\frac{d(y + \varepsilon\varphi)}{dx} \right)^2} \, dx - \int_0^{x_A} \frac{1}{\sqrt{x}} \sqrt{1 + \left(\frac{dy}{dx} \right)^2} \, dx \right\} = 0$$

$$\therefore \quad \lim_{\varepsilon \to 0} \frac{1}{\varepsilon} \int_0^{x_A} \frac{1}{\sqrt{x}} \left\{ \sqrt{1 + \left(\frac{d(y + \varepsilon\varphi)}{dx} \right)^2} - \sqrt{1 + \left(\frac{dy}{dx} \right)^2} \right\} \, dx = 0$$

$$(8.2)$$

となります。ここで, $z = \dfrac{dy}{dx}$, $u = \dfrac{d\varphi}{dx}$ とおくと

$$\lim_{\varepsilon \to 0} \frac{1}{\varepsilon} \left\{ \sqrt{1 + (z + \varepsilon u)^2} - \sqrt{1 + z^2} \right\}$$

$$= \lim_{\varepsilon \to 0} \frac{1}{\varepsilon} \frac{\{1 + (z + \varepsilon u)^2\} - (1 + z^2)}{\sqrt{1 + (z + \varepsilon u)^2} + \sqrt{1 + z^2}}$$

$$= \lim_{\varepsilon \to 0} \frac{2zu + \varepsilon u^2}{\sqrt{1 + (z + \varepsilon u)^2} + \sqrt{1 + z^2}}$$

$$= \frac{zu}{\sqrt{1 + z^2}}$$

となるので (8.2) は

$$\int_0^{x_A} \frac{1}{x} \cdot \frac{z}{\sqrt{1+z^2}} u \, dx = 0$$

$$\therefore \quad \int_0^{x_A} \frac{1}{x} \cdot \frac{z}{\sqrt{1+z^2}} \cdot \frac{d\varphi}{dx} \, dx = 0 \tag{8.3}$$

となります。(8.3) の左辺は, 部分積分を行なうことで

$$\int_0^{x_A} \frac{1}{\sqrt{x}} \cdot \frac{z}{\sqrt{1+z^2}} \cdot \frac{d\varphi}{dx} \, dx$$

$$= \left[\frac{1}{\sqrt{x}} \cdot \frac{z}{\sqrt{1+z^2}} \varphi \right]_0^{x_A} - \int_0^{x_A} \frac{d}{dx} \left(\frac{1}{\sqrt{x}} \cdot \frac{z}{\sqrt{1+z^2}} \right) \varphi \, dx$$

$$(\varphi(0) = \varphi(x_A) = 0 \text{ より})$$

$$= -\int_0^{x_A} \frac{d}{dx} \left(\frac{1}{\sqrt{x}} \cdot \frac{z}{\sqrt{1+z^2}} \right) \varphi \, dx$$

となるので, (8.3) は

$$\int_0^{x_A} \frac{d}{dx} \left(\frac{1}{\sqrt{x}} \cdot \frac{z}{\sqrt{1+z^2}} \right) \varphi \, dx = 0 \tag{8.4}$$

となり, $\varphi(0) = \varphi(x_A) = 0$ を満たす任意の $\varphi(x)$ に対して (8.4) が成り立つことから

$$\frac{d}{dx} \left(\frac{1}{\sqrt{x}} \cdot \frac{z}{\sqrt{1+z^2}} \right) = 0$$

が得られます。ここから, $\dfrac{1}{\sqrt{x}} \cdot \dfrac{z}{\sqrt{1+z^2}}$ は定数であることがわかりますから

$$\frac{1}{\sqrt{x}} \cdot \frac{z}{\sqrt{1+z^2}} = \frac{1}{\sqrt{2a}} \tag{8.5}$$

とおきます。したがって, (8.5) を満たす点 (x, y) の軌跡が求める曲線です。

8.3 (8.5) を満たす曲線を求める

(8.5) より

$$2az^2 = x(1 + z^2)$$

$$(2a - x)z^2 = x \qquad \left(z = \frac{dy}{dx} > 0 \text{ より} \right)$$

$$\frac{dy}{dx} = \sqrt{\frac{x}{2a - x}}$$

よって,

$$y = \int \sqrt{\frac{x}{2a - x}}\, dx \tag{8.6}$$

となります。ここで,

$$x = a(1 - \cos\theta) \left(0 \leq \theta \leq \frac{\pi}{2} \right) \tag{8.7}$$

とおくと, $dx = a\sin\theta\, d\theta$ であるから

$$
\begin{aligned}
\int \sqrt{\frac{x}{2a - x}}\, dx &= \int \sqrt{\frac{a(1 - \cos\theta)}{2a - a(1 - \cos\theta)}}\, a\sin\theta\, d\theta \\
&= \int \sqrt{\frac{1 - \cos\theta}{1 + \cos\theta}} \cdot a\sin\theta\, d\theta \\
&= a \int \sqrt{\frac{2\sin^2\dfrac{\theta}{2}}{2\cos^2\dfrac{\theta}{2}}}\, \sin\theta\, d\theta \\
&= a \int \frac{\sin\dfrac{\theta}{2}}{\cos\dfrac{\theta}{2}} \cdot 2\sin\frac{\theta}{2}\cos\frac{\theta}{2}\, d\theta \\
&= a \int 2\sin^2\frac{\theta}{2}\, d\theta \\
&= a \int (1 - \cos\theta)\, d\theta \\
&= a(\theta - \sin\theta) + C \quad (C \text{ は積分定数})
\end{aligned}
$$

となります。積分定数の値は, $x = 0$ となるのは $\theta = 0$ のときであり, このとき $y = 0$ となる (P は原点を通る) ように C を定めて $C = 0$ となります。結局 y は θ によって

$$y = a(\theta - \sin\theta) \tag{8.8}$$

のように表されます。

以上より, P は (8.7), (8.8) で与えられる x, y を座標にもつ点であることがわかりました。この P の軌跡はサイクロイドとよばれる曲線です。

y 軸を上向きにとり, (8.7), (8.8) の x と y を入れかえて $a = 1$ とした場合のサイクロイド, すなわち

$$\begin{cases} x = \theta - \sin\theta \\ y = 1 - \cos\theta \end{cases} \quad (0 \le \theta \le 2\pi)$$

は次のような形をしています。

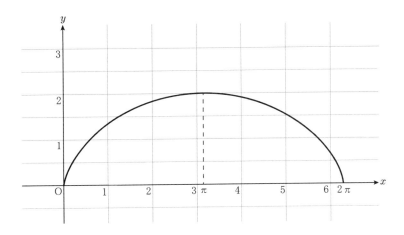

8.4　最下点に到達するまでにかかる時間

再び, (8.7), (8.8) で考え, 曲線 C を $x = a(1 - \cos\theta)$, $y = a(\theta - \sin\theta)$ $(0 \leq \theta \leq 2\pi)$ で与えられる (x, y) の軌跡とします.

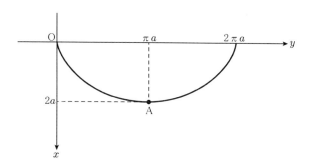

このとき, 点 O$(0, 0)$ から初速度 0 で転がり始めた球が点 A$(2a, \pi a)$ に到達するまでの時間は (8.1) より

$$T = \frac{1}{\sqrt{2g}} \int_0^{2a} \frac{1}{\sqrt{x}} \sqrt{1 + \left(\frac{dy}{dx}\right)^2}\, dx$$

$$= \frac{1}{\sqrt{2g}} \int_0^{\pi} \frac{1}{\sqrt{x}} \sqrt{1 + \left(\frac{dy}{dx}\right)^2}\, \frac{dx}{d\theta}\, d\theta \tag{8.1$'$}$$

ですが,

$$\frac{dy}{dx} = \frac{\dfrac{dy}{d\theta}}{\dfrac{dx}{d\theta}} = \frac{a(1 - \cos\theta)}{a\sin\theta}$$

$$= \frac{2\sin^2\dfrac{\theta}{2}}{2\sin\dfrac{\theta}{2}\cos\dfrac{\theta}{2}} = \tan\frac{\theta}{2}$$

より

$$\frac{1}{\sqrt{x}} \sqrt{1 + \left(\frac{dy}{dx}\right)^2}\, \frac{dx}{d\theta} = \frac{1}{\sqrt{a(1 - \cos\theta)}} \sqrt{1 + \tan^2\frac{\theta}{2}} \cdot a\sin\theta$$

$$= \frac{\sqrt{a}}{\sqrt{2\sin^2 \dfrac{\theta}{2}}} \cdot \frac{1}{\cos \dfrac{\theta}{2}} \cdot 2\sin \frac{\theta}{2} \cos \frac{\theta}{2}$$

$$= \sqrt{2a}$$

となるので, (8.1)′ より

$$T = \frac{1}{\sqrt{2g}} \int_0^\pi \sqrt{2a}\,d\theta$$

$$= \pi\sqrt{\frac{a}{g}} \qquad (8.9)$$

が得られます。

8.5　東京 – 大阪を夢の乗り物で結ぶ

　東京, 大阪間にサイクロイドの形をしたトンネルを図のように掘り, レールとの摩擦が限りなく 0 に近い乗り物が完成したとします。

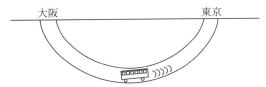

　このような乗り物が完成した場合, 移動にかかる燃料費は 0 ですが, では, 移動にかかる時間はどうなるでしょうか。東京大阪間の距離を 420km とすると

$$2\pi a = 420000 \text{ (m)} \qquad \text{より}$$

$$a = \frac{210000}{\pi}$$

です。求める時間を T_0 とおくとこれは (8.9) で求めた時間の 2 倍であるので

$$T_0 = 2\pi\sqrt{\frac{a}{g}} = 2\pi\sqrt{\frac{210000}{\pi \times g}}$$

$$= 2\sqrt{\frac{210000\pi}{g}}$$

$$\fallingdotseq 2\sqrt{\frac{210000 \times 3.14}{9.8}}$$

$$\fallingdotseq 519 \text{ 秒}$$

すなわち, 8 分 39 秒しかかからない計算になります。これは, リニアモーターカーや飛行機などとは比べ物にならないほどの短時間です。ところが, トンネルの最も深い部分の深さを計算してみると

$$2a = \frac{420000}{\pi} \fallingdotseq 133690(\mathrm{m}) \fallingdotseq 134(\mathrm{km})$$

となり, この部分の温度は 500 °C を超えるそうなので, それに耐える車両を作らなければなりません (車両よりも掘る方が大変そうですが)。ちなみに, もしも完成できれば最深部を通過するときの乗り物の速さは

$$\frac{1}{2}mv^2 = mg \times 134 \times 10^3$$

より

$$v = \sqrt{2g \times 134 \times 10^3}$$

$$\fallingdotseq 1620(\mathrm{m/s})$$

となり, これはおよそマッハ 4.8 で最新鋭の戦闘機なみの速さです。

　では, もう少し実現可能なことを考えてみましょう。東京の地下鉄で最も深い部分は地下 50m 程度とのことなので, 地下 50 m まではトンネルを掘ることができるとしましょう。この場合の水平距離は

$$50 \times \pi \fallingdotseq 157\mathrm{m}$$

となります。これでは (掘る労力を考えると) 掘る意味がありませんね。ちなみに所要時間は

$$2\pi\sqrt{\frac{25}{9.8}} \fallingdotseq 10 \text{ (秒)}$$

です。

第9章 電流回路の中の微分方程式

次の図のような回路 1 における電流, あるいは電圧の時間に対する変化を考えてみましょう。

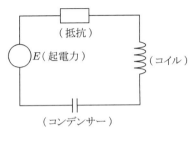

回路 1

9.1 物理法則の確認

まず, ここで必要な物理法則を簡単に結果だけ述べておきます。この章では, t は時間を表し, $V = V(t)$ は電圧, $I = I(t)$ は回路に流れる電流を表すものとします。

(i) 抵抗

抵抗 R (Ω) にかかる電圧と流れる電流には

$$V = RI$$

R

の関係が成り立ちます。いわゆるオームの法則です。

(ii) コイル

コイルには電流の変化に比例して変化を妨げる向きに
電圧が発生します。すなわち,

$$V = L\frac{dI}{dt}$$

で定まる V が発生します。L は自己インダクタンスと呼ばれる正の定数 (単位
は H (ヘンリー)) で, コイルを入れることによって, 起電力 $-L\dfrac{dI}{dt}$ の電池を入
れるのと同じです。

(iii) コンデンサー

電流の向きに対し, 図のようにコンデンサーにたまる
電気量 QC (クーロン) とすると Q は比例定数 C (単位
は F(ファラッド)) を用いて

$$Q = CV$$

と表せます。ここで, コンデンサーにたまる電気量の変化が電流であることを
考えると

$$\frac{dQ}{dt} = I$$

であるので, コンデンサーにおける電圧と電流の関係は

$$\int I\,dt = CV$$
$$\therefore \quad V = \frac{1}{C}\int I\,dt$$

が成り立ちます。

以上より回路 1 における起電力を E とおくと

$$L\frac{dI}{dt} + RI + \frac{1}{C}\int I\,dt = E \tag{9.1}$$

が成り立ちます。

9.2　2 階の微分方程式に関する準備

y を x の 2 回微分可能な関数とし, この y が微分方程式

$$y'' + py' + qy = 0 \tag{9.2}$$

(p, q は定数) を満たしているとします。このとき, (9.2) に対して次のような 2 次方程式を考えます。

$$\lambda^2 + p\lambda + q = 0 \tag{9.3}$$

　一般に実数係数の 2 次方程式は

　　(i) 異なる 2 つの実数解をもつ

　　(ii) 実数の重解をもつ

　　(iii) 2 つの共役な虚数を解にもつ

の 3 通りの場合があり, これらは $D = p^2 - 4q$ とおくと (i) $D > 0$ の場合, (ii) $D = 0$ の場合, (iii) $D < 0$ の場合によって分類できます。この分類に対応して (9.2) の解の形も変わります[1]。

　以下 α, β を (9.3) の 2 解とします。

(i) $D > 0$ のとき

　$p = -(\alpha + \beta), q = \alpha\beta$ であるから (9.2) は

$$y'' - (\alpha + \beta)y' + \alpha\beta y = 0$$

と表せて, ここから

$$y'' - \alpha y' = \beta(y' - \alpha y)$$
$$(y' - \alpha y)' = \beta(y' - \alpha y)$$
$$\therefore \quad y' - \alpha y = C_1 e^{\beta x} \qquad (C_1 \text{ は定数})$$

両辺に $e^{-\alpha x}$ をかけて

---

[1]第 2 章にも同様な説明があります。

$$y'e^{-\alpha x} - \alpha y e^{-\alpha x} = C_1 e^{(\beta-\alpha)x}$$

$$\therefore \quad (y e^{-\alpha x})' = C_1 e^{(\beta-\alpha)x} \qquad (\alpha \neq \beta \text{ より}) \tag{9.4}$$

$$y e^{-\alpha x} = C_2 e^{(\beta-\alpha)x} + C_3 \qquad \left(\text{ただし, } C_2 = \frac{C_1}{\beta - \alpha}\right)$$

$$\therefore \quad y = C_2 e^{\beta x} + C_3 e^{\alpha x} \qquad (C_3 \text{ は定数}) \tag{9.5}$$

が得られます。

後で p, q に相当する値は $p = \dfrac{R}{L}$, $q = \dfrac{1}{CL}$ となりますから $p > 0, q > 0$ です。したがって, α, β が実数の場合

$$\alpha < 0, \ \beta < 0$$

となり, この場合, 関数 $y = C_2 e^{\beta x} + C_3 e^{\alpha x}$ は単調に減少します。$\alpha < 0$ であることは (ii) の場合でも同じです。

(ii) $D = 0$ の場合

(9.4) において $\alpha = \beta$ とするとよく

$$y e^{-\alpha x} = C_1 x + C_2$$

となります。よって

$$y = (C_1 x + C_2) e^{\alpha x} \tag{9.6}$$

が得られます。

(iii) $D < 0$ の場合

(9.3) は虚数解をもちますから

$$\alpha = a + bi, \ \beta = a - bi$$

とおきます。ただし, a, b は実数です。

このとき,

$$p = -(\alpha + \beta) = -2a$$

$$q = \alpha\beta = a^2 + b^2$$

となりますから (9.2) は

$$y'' - 2ay' + (a^2 + b^2)y = 0$$

$$y'' - 2ay + a^2y = -b^2y$$

両辺に e^{-ax} をかけて

$$y''e^{-ax} - 2ay'e^{-ax} + a^2e^{-ax} = -b^2ye^{-ax}$$

$$(ye^{-ax})'' = -b^2ye^{-ax}$$

$$\therefore \quad ye^{-ax} = C_1\sin(bx + C_2)$$

$$\therefore \quad y = C_1e^{ax}\sin(bx + C_2) \tag{9.7}$$

が得られます。

(i) の場合と同様に今回は $p > 0$ の場合のみを考えます。したがって, $p = -2a$ より $a < 0$ ですから, $y = C_1e^{ax}\sin(bx + C_2)$ 振幅の幅を小さくしながら振動します (減衰振動)。

9.3 直流回路の場合

まず, 起電力が乾電池のように直流である場合を考えましょう. この場合, E は定数ですから, (9.1) の両辺を t で微分すると

$$L\frac{d^2I}{dt^2} + R\frac{dI}{dt} + \frac{1}{C}I = 0$$

$$\therefore \quad \frac{d^2I}{dt^2} + \frac{R}{L}\frac{dI}{dt} + \frac{1}{CL}I = 0 \tag{9.8}$$

となります. ここで, (9.2) の D に相当する値は

$$D = \left(\frac{R}{L}\right)^2 - 4\cdot\frac{1}{CL}$$

$$= \frac{R^2C - 4L}{CL^2}$$

ですから $R^2C - 4L$ の正負で電流の変化の様子が変わります. 実際, 初期値を適当に決めて $I = I(t)$ $(t \geq 0)$ のグラフをかいてみると

(i) $R^2C - 4L > 0$ のとき

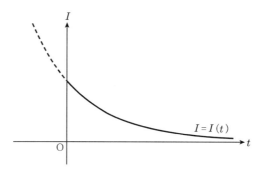

(直接 I は 0 に近づく)

(ii) $R^2C - 4L = 0$ のとき

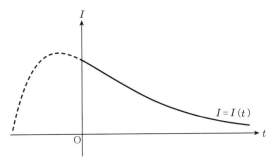

(この場合も直接 I は 0 に近づく)

(iii) $R^2C - 4L < 0$ のとき

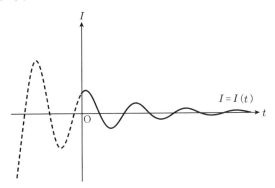

(I は 0 のまわりを振動しながら 0 に近づく)

のようになります。(iii) の場合 I が極大となる時刻から次に極大となる時刻は一定 (この値を T とおきます) ですが, これは, (9.7) の b に相当する値が

$$b = \frac{1}{2}\sqrt{\frac{4L - R^2C}{CL^2}}$$

であることから

$$T = \frac{2\pi}{b} = \frac{4\pi\sqrt{CL^2}}{\sqrt{4L - R^2C}}$$

となります。

例えば, 簡単に

$$L = 1(\text{ヘンリー}), \quad R = 100(\text{オーム}), \quad C = 10^{-4}(\text{ファラッド})$$

とすると (9.8) は

$$\frac{d^2I}{dt^2} + 100\frac{dI}{dt} + 1000I = 0$$

となるので[2] (9.3) に相当する方程式は

$$\lambda^2 + 100\lambda + 10000 = 0$$

$$\therefore \quad \lambda = -50 \pm 50\sqrt{3}i$$

となるから

$$I(t) = Ae^{-50t}\sin(50\sqrt{3}t + B) \tag{9.9}$$

と表せて, さらに, $t = 0$ のとき $I = 0$ であるとすると $B = 0$ となり

$$I(t) = Ae^{-50t}\sin 50\sqrt{3}t$$

となります。

A の値は電圧 E によって決まります。例えば $E = 100$ としましょう。$Q = CV$ より

$$
\begin{aligned}
Q &= C\left(E - L\frac{dI}{dt} - RI\right) \\
&= 10^{-4}\left(100 - \frac{dI}{dt} - 100I\right) \quad \text{(9.9) より} \\
&= 10^{-4}\left\{100 - 50Ae^{-50t}(\sin 50\sqrt{3}t + \sqrt{3}\cos 50\sqrt{3}t)\right\} \tag{9.10}
\end{aligned}
$$

となります。ここで, 「最初はコンデンサーに電荷がたまっていなかった」すなわち, $t = 0$ のとき $Q = 0$ であったとすると, $t = 0$ を代入することによって

$$0 = 10^{-4}\left(100 - 50\sqrt{3}A\right)$$

---

[2]本来は, $\dfrac{d^2I}{dt^2} + 100[s^{-1}]\dfrac{dI}{dt} + 1000[s^{-2}]I = 0$ と表すべきであるが, ここでは数値のみを取り出すことにする。

$$A = \frac{2}{\sqrt{3}}$$

となります。よって

$$I(t) = \frac{2}{\sqrt{3}} e^{-50t} \sin 50\sqrt{3}t$$

が得られます。この場合, I が極大になってから次に極大になるまでの時間 T は

$$T = \frac{2\pi}{50\sqrt{3}} = \frac{\pi}{25\sqrt{3}}$$

です。さらに, $t \to \infty$ のとき $I \to 0$ ですが, Q については (9.10) より

$$Q = 10^{-4} \left\{ 100 - \frac{100}{\sqrt{3}} e^{-50t} (\sin 50\sqrt{3}t + \sqrt{3} \cos 50\sqrt{3}t) \right\}$$

$$= 10^{-4} \left\{ 100 - \frac{200}{\sqrt{3}} e^{-50t} \sin \left(50\sqrt{3}t + \frac{\pi}{3} \right) \right\}$$

$$= \frac{1}{100} - \frac{1}{50\sqrt{3}} e^{-50t} \sin 50\sqrt{3} \left(t + \frac{\pi}{150\sqrt{3}} \right)$$

であることから $\dfrac{1}{100}$ に収束し, 振動の様子は I と比べると $\dfrac{\pi}{150\sqrt{3}} \left(= \dfrac{T}{6} \right)$ だけ遅れて振動することもわかります。

$I = I(t)$ のグラフと $Q = Q(t)$ のグラフは次のようになります。

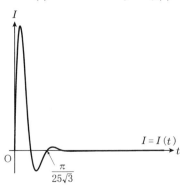

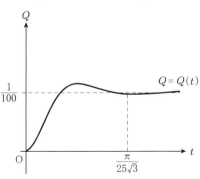

9.4　交流回路の場合

今度は交流回路の場合に I がどのような変化をするかを考えてみましょう。

今度は (9.1) において $E = V_0 \sin \omega t$ と設定します。このとき (9.1) は

$$L \frac{dI}{dt} + RI + \frac{1}{C} \int I\, dt = V_0 \sin \omega t$$

となり, 両辺を t で微分すると

$$L \frac{d^2 I}{dt^2} + R \frac{dI}{dt} + \frac{1}{C} I = V_0 \omega \cos \omega t$$

$$\therefore \quad \frac{d^2 I}{dt^2} + \frac{R}{L} \frac{dI}{dt} + \frac{1}{CL} I = \frac{V_0 \omega}{L} \cos \omega t \tag{9.11}$$

のようになります。

さて, 一般に次のようなことが知られています。

☆―――――――――――――――――――――――――――――――☆

$f(x)$ を与えられた関数とする。x の関数 y についての微分方程式

$$y'' + py' + qy = f(x) \tag{9.12}$$

の解の一つ (特殊解) を $y = u(x)$ とし, さらに (9.12) の右辺を 0 にした微分方程式

$$y'' + py' + qy = 0$$

の線型独立 (⇒ 注) な 2 つの解を $\varphi_1(x)$, $\varphi_2(x)$ とおくと (9.12) の一般解は任意定数 C_1, C_2 を用いて

$$y = C_1 \varphi_1(x) + C_2 \varphi_2(x) + u(x)$$

の形で表せる。

関数 $\varphi_1(x)$ と $\varphi_2(x)$ が線型独立であるとは, $c_1 \varphi_1(x) + c_2 \varphi_2(x) = 0$ となる定数 $c_1,$

c_2 は $c_1 = c_2 = 0$ だけであることである。

☆————————————————————————————————☆

話を元に戻しましょう。上の事実を用いるとまず微分方程式 (9.11) を満たす解が 1 つ必要です。これは演算子法などを用いて求めることができるのですが，実際解の 1 つを求めると

$$I(t) = \frac{V_0}{\sqrt{R^2 + \left(L\omega - \dfrac{1}{C\omega}\right)^2}} \sin(\omega t - \phi) \tag{9.13}$$

が得られます。ただし，ϕ は

$$\cos\phi = \frac{R}{\sqrt{R^2 + \left(L\omega - \dfrac{1}{C\omega}\right)^2}},$$

$$\sin\phi = \frac{L\omega - \dfrac{1}{C\omega}}{\sqrt{R^2 + \left(L\omega - \dfrac{1}{C\omega}\right)^2}}$$

を満たす角です。((9.12) が微分方程式 (9.11) を満たすことは確認できることと思います。)

したがって，微分方程式

$$\frac{d^2 I}{dt^2} + \frac{R}{L}\frac{dI}{dt} + \frac{1}{CL}I = 0$$

の線型独立な 2 つの解を $\varphi_1(t)$, $\varphi_2(t)$ とおくと (その形は $R^2 C - 4L$ の正負によって大きく異なる)，(9.11) の一般解は

$$I(t) = \frac{V_0}{\sqrt{R^2 + \left(L\omega - \dfrac{1}{C\omega}\right)^2}} \sin(\omega t - \phi) + C_1\varphi_1(t) + C_2\varphi_2(t)$$

と表されることになり，$R^2 C - 4L \geq 0$ のときは (9.13) に直接的に近づき，$R^2 C - 4L < 0$ のときは (9.13) の解のまわりを振動しながら近づいていくこと

になります。

　ところで, (9.13) の中の ϕ は遅れの角と呼ばれ, 外部からうける電圧の振動からの遅れを表します。この ϕ は 0 にするには $\sin\phi = 0$ より

$$L\omega - \frac{1}{C\omega} = 0$$

$$\omega^2 = \frac{1}{LC} \qquad \therefore \quad \omega = \sqrt{\frac{1}{LC}}$$

となるように ω を調節すればよいことになります。このとき, 交流回路の出力が非常に大きくなり, この現象が交流回路の**共振現象**と呼ばれるものです。

第10章　対岸問題

　日本の河川は外国の有名な川 (ライン川, 揚子江, ミシシッピー川) に比べる
と急流なものが多いようです。まして江戸時代は江戸の防衛のため大きな川に
は橋を架けないようにしていたそうですから当時の人は川を渡るのに大変苦労
していたことでしょう。

　さて, 目的地を目指して川を渡ろうとした場合, 川の流れに流されて普通は直
線的には目的地に着くことができません。そこで, つねに目的地の方を向きなが
ら進もうとした場合, 結果的にどのようなを経路をたどることになるかを本章
では考えていきたいと思います。川を渡るのが人の場合, 川の深さに影響を受け
たり長い距離になると疲労もたまるなどするため, 川を渡るのは一定の推進力
を保つことができるモーターつきのボートということにしましょう。したがっ
て, このボートの場合は, 川の深さに影響を受けず, 川の流れだけを考慮すれば
よいということになります。このような問題を**対岸問題**とよぶことにします。

　本章の結果は, 「一定方向の風を受けながら巣に戻ろうとする鳥の動き, あるいは飛行
機などの軌道」にも応用することができます。

10.1　問題の設定

xy 平面上の帯領域 $0 < x < 1$ が川であるとしましょう。この川は y 軸の正の方向に一定の速さ v_R で流れているものとします。また, 今, 静止した水面に対し速さ v_B で進むことができるボートがあり, このボートで川岸の点 $A(1,0)$ から $O(0,0)$ まで渡りたいとします。

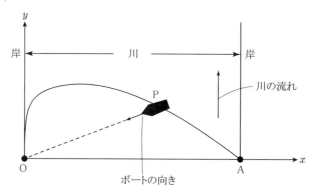

さて, ボートの時刻 t における位置を $P(x(t), y(t))$ あるいは単に $P(x, y)$ で表すことにし, 次の条件にしたがってボート P は動くものとします。

☆─────────────────────────────────────☆

(i)　P は時刻 0 のとき点 A にいた, すなわち

$$x(0) = 1, \, y(0) = 0 \tag{10.1}$$

である。

(ii)　ボートはつねに O に向かって進もうとする。

☆─────────────────────────────────────☆

条件 (ii) からは次のような式が立てられます。

川の流れが静止していた場合, ボートは速さ v_B でベクトル $\begin{pmatrix} -x \\ -y \end{pmatrix}$ と同じ

向きに進む。すなわち, 静止していた場合のボートの速度ベクトルは

$$v_{\mathrm{B}} \begin{pmatrix} -\dfrac{x}{\sqrt{x^2 + y^2}} \\ -\dfrac{y}{\sqrt{x^2 + y^2}} \end{pmatrix}$$

である。ところが, 実際はボートは川によって $\begin{pmatrix} 0 \\ v_{\mathrm{R}} \end{pmatrix}$ だけ流されるので, P

の正しい速度ベクトルは

$$\begin{pmatrix} \dfrac{dx}{dt} \\ \dfrac{dy}{dt} \end{pmatrix} = v_{\mathrm{B}} \begin{pmatrix} -\dfrac{x}{\sqrt{x^2 + y^2}} \\ -\dfrac{y}{\sqrt{x^2 + y^2}} \end{pmatrix} + \begin{pmatrix} 0 \\ v_{\mathrm{R}} \end{pmatrix}$$

$$= \begin{pmatrix} -\dfrac{v_{\mathrm{B}} x}{\sqrt{x^2 + y^2}} \\ -\dfrac{v_{\mathrm{B}} y}{\sqrt{x^2 + y^2}} + v_{\mathrm{R}} \end{pmatrix}$$

のようになりますから

$$\frac{dx}{dt} = -\frac{v_{\mathrm{B}} x}{\sqrt{x^2 + y^2}} \tag{10.2}$$

$$\frac{dy}{dt} = -\frac{v_{\mathrm{B}} y}{\sqrt{x^2 + y^2}} + v_{\mathrm{R}} \tag{10.3}$$

が成り立ちます。

10.2　点 P の軌跡を求める

それでは, (10.1), (10.2), (10.3) から点 P の軌跡を求めましょう。

まず, (10.2), (10.3) を用いると

$$\frac{dy}{dx} = \frac{\dfrac{dy}{dt}}{\dfrac{dx}{dt}}$$

$$= \frac{-\dfrac{v_{\mathrm{B}}y}{\sqrt{x^2+y^2}} + v_{\mathrm{R}}}{-\dfrac{v_{\mathrm{B}}x}{\sqrt{x^2+y^2}}} \qquad \left(\text{分母分子を}\ -\frac{v_{\mathrm{B}}}{\sqrt{x^2+y^2}}\ \text{で割って}\right)$$

$$= \frac{y - \dfrac{v_{\mathrm{R}}}{v_{\mathrm{B}}}\sqrt{x^2+y^2}}{x} \qquad \left(r = \frac{v_{\mathrm{R}}}{v_{\mathrm{B}}}\ \text{とおくと}\right)$$

$$= \frac{y - r\sqrt{x^2+y^2}}{x}$$

$$= \frac{y}{x} - r\sqrt{1 + \left(\frac{y}{x}\right)^2} \tag{10.4}$$

となります。ここで, $\dfrac{y}{x}$ を新たな関数と見て $\dfrac{y}{x} = u$ とおくと, $y = xu$ の両辺を x で微分して

$$\frac{dy}{dx} = u + x\frac{du}{dx}$$

となるので, (10.4) は

$$u + x\frac{du}{dx} = u - r\sqrt{1+u^2}$$

$$\therefore \quad \frac{du}{dx} = -\frac{r\sqrt{1+u^2}}{x} \tag{10.5}$$

となります。この微分方程式は変数分離形ですから簡単に解くことができます。実際, (10.5) より

$$\frac{1}{\sqrt{1+u^2}}\frac{du}{dx} = -\frac{r}{x}$$

$$\int \frac{1}{\sqrt{1+u^2}}\, du = \int -\frac{r}{x}\, dx$$

$$\therefore \quad \log(u+\sqrt{1+u^2}) = -r\log x + C_1 \qquad (C_1 \text{ は積分定数})$$

$$= \log(x^{-r}e^{C_1})$$

☆──☆

$$\{\log(x+\sqrt{1+x^2})\}' = \frac{1}{x+\sqrt{1+x^2}}\left(1+\frac{x}{\sqrt{1+x^2}}\right)$$

$$= \frac{1}{x+\sqrt{1+x^2}}\cdot\frac{\sqrt{1+x^2}+x}{\sqrt{1+x^2}}$$

$$= \frac{1}{\sqrt{1+x^2}}$$

であるから，

$$\int \frac{1}{\sqrt{1+x^2}}\, dx = \log(x+\sqrt{1+x^2}) + C \qquad (C \text{ は積分定数})$$

となります．

☆──☆

したがって，

$$u+\sqrt{1+u^2} = e^{C_1}x^{-r}$$

となり，$C_2 = e^{C_1}$ と置き直して

$$u+\sqrt{1+u^2} = C_2 x^{-r} \tag{10.6}$$

となります．ここで，$t=0$ のとき $x=1$, $y=0$ より $u=0$ であるから，(10.6) は $x=1$ のとき $u=0$ となるので $C_2=1$ となります．したがって (10.6) より

$$u+\sqrt{1+u^2} = x^{-r}$$

$$\sqrt{1+u^2} = x^{-r} - u$$

両辺を 2 乗して

$$1 + u^2 = x^{-2r} - 2ux^{-r} + u^2$$

$$\therefore \quad 2ux^{-r} = x^{-2r} - 1$$

$$\therefore \quad u = \frac{1}{2}(x^{-r} - x^{r})$$

となります。よって, $u = \dfrac{y}{x}$ でしたから

$$\frac{y}{x} = \frac{1}{2}(x^{-r} - x^{r})$$

$$\therefore \quad y = \frac{1}{2}(x^{1-r} - x^{1+r}) \tag{10.7}$$

得られます。この $(0 < x \leq 1)$ の部分が P の軌跡です。

10.3　ボートの軌跡についての考察

式 (10.7) で表される曲線の $0 < x \leq 1$ の部分を r の値をいろいろと変えて描いてみましょう。ここで, $r = \dfrac{v_{\mathrm{R}}}{v_{\mathrm{B}}}$ でしたから,

- ボートの推進力が強い, あるいは川の流れがゆるやかであれば r は小さい (0 に近い) 正の値をとる

- ボートの推進力が弱い, あるいは川の流れが急であれば r は大きい値をとる

ことに注意しましょう。

図の曲線は

①: $r = 0$　(川の流れが 0 の場合, 水面が静止している場合)

②: $r = 0.2$

③: $r = 0.5$ （ボートの推進力の方が川の流れより大きい場合）

④: $r = 0.8$

⑤: $r = 1$ (ボートの推進力と川の流れの強さが等しい場合)

⑥ : $r = 1.2$
⑦ : $r = 2$
}(川の流れがボートの推進力より強い場合)

となっています。

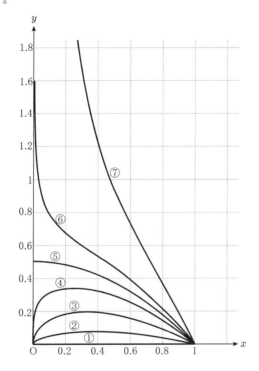

この図からもわかるように $0 < r < 1$ の場合は何とか目的に到達すること
ができそうですが, $r > 1$ の場合は「目的地に向かって進むようでは」目的地か
ら遠ざかる一方であるという結果が得られます。$r = 1$ の場合は後で別に考察
することにします。

$r > 1$ の場合でも目的にこだわらずに「対岸ならどこでもよい」というのであれば,
対岸にたどり着くことはできます。

10.4　目的地に到達するまでの時間

　さて, $r < 1$ の場合は P の軌跡は $x \to 0$ のとき O に近づいていますが, 到達するまでの時間が限りなく大きいようでは現実的には到達できないのと同じです。そこで, $r < 1$ のとき到達するまでにどのくらいの時間がかかるを調べてみましょう。

　以下, P が曲線 (10.7) 上の x 座標が x $(0 < x < 1)$ である点に到達するまでの時間を $T(x)$ とおくことにします。(調べることは $\lim_{x \to +0} T(x)$ が有限かどうかということです。)

　さて, 軌道の方程式は (10.7) より $y = \dfrac{1}{2}(x^{1-r} - x^{1+r})$ でしたので, これを式 (10.2) に代入すると

$$\frac{dx}{dt} = -\frac{v_{\mathrm{B}} x}{\sqrt{x^2 + \dfrac{1}{4}(x^{1-r} - x^{1+r})^2}}$$

$$= -\frac{v_{\mathrm{B}} x}{\sqrt{\dfrac{1}{4}(x^{1-r} + x^{1+r})^2}}$$

$$= -\frac{v_{\mathrm{B}} x}{\dfrac{1}{2}(x^{1-r} + x^{1+r})}$$

$$= -\frac{v_{\mathrm{B}}}{\dfrac{1}{2}(x^{-r} + x^{r})}$$

$$\therefore \quad -\frac{1}{2v_{\mathrm{B}}}(x^{-r} + x^{r})\frac{dx}{dt} = 1$$

となります。両辺を t で 0 から $T(x)$ まで積分します。このとき x は 1 から x まで動くので

$$-\frac{1}{2v_{\mathrm{B}}} \int_1^x (x^{-r} + x^r)\,dx = \int_0^{T(x)} dt$$

$$\frac{1}{2v_{\mathrm{B}}} \int_x^1 (x^{-r} + x^r)\,dx = T(x) \tag{10.8}$$

$$\therefore \quad T(x) = \frac{1}{2v_{\mathrm{B}}} \left(\frac{1 - x^{1-r}}{1 - r} + \frac{1 - x^{1+r}}{1 + r} \right)$$

したがって, $0 < r < 1$ の元では

$$\lim_{x \to 0} T(x) = \frac{1}{2v_{\mathrm{B}}} \left(\frac{1}{1 - r} + \frac{1}{1 + r} \right)$$

となり (この極限は有限な値), これが原点 O に到達する時間です。ところで, この値 (すなわち到達時間) を T とおくと

$$\lim_{r \to 1-0} T = \infty$$

となってしまいますから「$0 < r < 1$ のとき, 目的地に到達することはできる」とはいうものの, r が 1 に近ければかなりの時間がかかることになります。

10.5　$r = 1$ の場合の考察

　これまで $r = 1$ の場合を除外して考えてきましたが, 最後に $r = 1$ の場合について考えてみましょう。$r = 1$ の場合は式 (10.7) は

$$y = \frac{1}{2}(1 - x^2)$$

となり, この曲線は原点ではなく点 K $\left(0, \frac{1}{2} \right)$ を通っています (135 ページの曲線 ⑤ 参照)。では点 K に到達するのかというと計算上は式 (10.8) が

$$\frac{1}{2v_{\mathrm{B}}} \int_x^1 \left(\frac{1}{x} + x \right) dx = \int_0^{T(x)} dt$$

となり, ここから

$$T(x) = \frac{1}{2v_{\mathrm{B}}} \left\{ -\log x + \frac{1}{2}(1 - x^2) \right\}$$

したがって,

$$\lim_{x \to +0} T(x) = \infty$$

となるので, 実は有限時間内では K に到達することはできません。ただ, 計算

上は K に限りなく近づくことができますから, 現実的には K にいる人からロープで引っ張ってもらうなどして O でなく K に上陸することはできそうです。

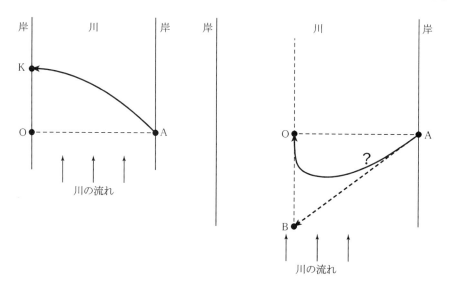

　それでは, O が川の対岸ではなく, **川の中にある島** (中州など) であればどうでしょうか。この設定であれば O とは関係のない K に到達しても無意味です。実際, つねに進行方向を O に向けて進む場合, $y = \dfrac{1}{2}(1 - x^2)$ を点 K に向けて移動し最終的には点 K で静止した状態で川の中に留まることになります。

　そこで,

「O に向かって進めば K に到達したのだから, 別の点を目指して進めば O に到達することはできないのか」

と考えてこの別の点 (この点を B とします) を探しましょう。

　B を y 軸上の点と考えて B$(0, b)$ とおいてみます。この場合, 川の流れが止まっていれば, ボートの速度ベクトルは

$$v_{\mathrm{B}} \begin{pmatrix} -\dfrac{x}{x^2 + (y-b)^2} \\ -\dfrac{y-b}{x^2 + (y-b)^2} \end{pmatrix}$$

となりますから, 川が流れているときの P の速度ベクトルは

$$\begin{pmatrix} \dfrac{dx}{dt} \\ \dfrac{dy}{dt} \end{pmatrix} = \begin{pmatrix} -\dfrac{v_{\mathrm{B}}x}{x^2 + (y-b)^2} \\ -\dfrac{v_{\mathrm{B}}(y-b)}{\sqrt{x^2 + (y-b)^2}} + v_{\mathrm{R}} \end{pmatrix}$$

のようになります。ここから先は $z = y - b$ とおくと, 先ほどの (10.2), (10.3) に相当する式

$$\frac{dx}{dt} = -\frac{v_{\mathrm{B}}x}{\sqrt{x^2 + z^2}}$$

$$\frac{dz}{dt} = -\frac{v_{\mathrm{B}}z}{\sqrt{x^2 + z^2}}$$

が得られますから (10.6) まで同じ式となります。そして, 今度の場合は $t = 0$ のとき $x = 1$, $z = -b$ ($\because\ y = 0$) より $u = -b$ となるので (10.6) より

$$-b + \sqrt{1 + b^2} = C_2$$

となります。この C_2 を用いて u を求めると

$$u = \frac{1}{2}\left(C_2 x^{-r} - \frac{1}{C_2} x^r\right)$$

となるから, $u = \dfrac{z}{x} = \dfrac{y-b}{x}$ より

$$y = b + \frac{1}{2}\left(C_2 x^{1-r} - \frac{1}{C_2} x^{1+r}\right)$$

が得られます。ただし, 今は $r = 1$ の場合を考えていたので

$$y = b + \frac{1}{2}\left(C_2 - \frac{1}{C_2} x^2\right)$$

となり, これに $C_2 = -b + \sqrt{1 + b^2}$ を代入して整理すると

$$y = \frac{b + \sqrt{1 + b^2}}{2}(1 - x^2)$$

となります。この関数のグラフが O を通ればよいのですが

$$\frac{b+\sqrt{1+b^2}}{2} = 0$$

を満たす実数 b は存在しないので，結論として

　　$r = 1$ の場合，どの点を目標においても P は O に到達することはできない

が得られます。

　この結果はあくまでも点 A を出発点とした場合です。ボートを出す位置を $\left(1, -\dfrac{1}{2}\right)$ に設定して，点 $\left(0, -\dfrac{1}{2}\right)$ を目指して進めば，川に流されて O に限りなく近づくことはできます。(近づけばロープなどで引っ張れば上陸できます。)

第11章　ロケットと微分方程式

　私達の生活している地上のはるか上空には多くの人工衛星が打ち上げられています。有名なものは気象衛星ひまわりのように上空から地上の気象情報を送ってくるもの, 全世界をカバーする携帯電話サービスのイリジウム衛星などがあります。この人工衛星のように地上を飛び立ち上空まで移動するためにはロケットが用いられます。私達が映像で目にすることが多いのは日本では H2 ロケット, 以前は米国でのスペースシャトルの打ち上げの様子ですが, これをよく見ていると途中で機体の一部を切り離し地上に落下させています。「重いから捨てる」といえばそれまでですが, 切り離さずにはいられないものなのでしょうか。今回はその点も含めロケットの打ち上げに関する話題を微分方程式を利用しながら考えていきたいと思います。

　スペースシャトルの場合は, まず 2 基の固体ロケットブースター (燃料タンクの両脇につけられているもの) が地上 45km の地点で発射 2 分後に切り離されパラシュートを使って地上に落下しその後回収され再利用されています。燃料タンクは 8 分後に切り離され大気圏で燃え尽きます。地上にゴミを散らかしているわけではありません。念のため。

11.1　微分方程式を作る

　まず，1 段式のロケットを考えることにします。ロケットは絶え間なくその燃料を進行方向と逆向きに高速で噴出することによって速さを増し進んでいきます。ここでは，ロケットは直線上を進み，ロケット自身は質点と考え，また進行方向と逆向きに一定の相対速度で一定の割合で燃料を噴出するものとします。

　すなわち，次のように設定します。

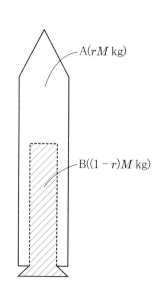

(1) ロケットは人工衛星を含めたロケットの機体部分 A と燃料部分 B からなる。燃料を一杯に積んだ最初の段階の A と B を質量をあわせたものを M (kg) とし，そのうち A の部分の質量を rM (kg) $(0 < r < 1)$ とおくことにする。

　また，動き出す瞬間の時刻を 0 とし，動き出してから経過した時間を t(sec) とおく。

(2) ロケットの質量は時間の経過とともに減っていく。このロケットの時刻 t における (A と B をあわせた) 質量を $m = m(t)$ (kg) とする。

(3) ロケットの時刻 t における速さを $v = v(t)$ (m/s) とおく。また，ロケットの初速は 0 であり，燃料をすべて噴出したときのロケットの最終速度を v_{fin} (m/s) とおく。

(4) ロケットの燃料をロケット本体に対する相対的な速さ u (m/s) (定数) で噴出する。

A(rM kg)

B($(1-r)M$ kg)

さらに, 時刻 t から $t + \Delta t$ における

(5) 噴出す燃料の質量を Δm_p (kg)

(6) ロケットの速さの変化を Δv (m/s)

とおくことにします. したがって, Δt 間における運動量 P の変化量 ΔP は

$$\Delta P = \{(m - \Delta m_p)(v + \Delta v) + \Delta m_p(v - u)\} - mv$$
$$= m\Delta v - u\Delta m_p - \Delta m_p \Delta v$$

となります. 運動量の時間微分がこの質点系に働く力 F(N) になるわけですから

$$F = \lim_{\Delta t \to 0} \frac{\Delta P}{\Delta t}$$
$$= \lim_{\Delta t \to 0} \frac{m\Delta v - u\Delta m_p - \Delta m_p \Delta v}{\Delta t} \tag{11.1}$$

ここで, 時刻 t から $t + \Delta t$ において燃料を Δm_p だけ噴出することからロケット本体の質量はこの燃料の分だけ減ることになります. すなわち,

$$\Delta m = -\Delta m_p$$

ですから, 式 (11.1) は

$$F = \lim_{\Delta t \to 0} \frac{m\Delta v + u\Delta m + \Delta m \Delta v}{\Delta t} \tag{11.2}$$
$$= m\frac{dv}{dt} + u\frac{dm}{dt}$$

のようになります. ここで, 外力は重力以外は働かないと仮定した場合, 式 (11.2) より

$$m\frac{dv}{dt} + u\frac{dm}{dt} = -mg \tag{11.3}$$

が得られます.

11.2　最終速度を求める

以下においては, 式 (11.3) において重力の影響を無視した

$$m\frac{dv}{dt} + u\frac{dm}{dt} = 0 \tag{11.4}$$

の場合で考えます。(11.3) をそのまま扱うのは少々やっかいなので $-mg$ を除いた (11.4) で v の最終速度 v_{fin} を考えていくことにします。

(11.4) は,

$$\frac{dv}{dt} = -\frac{u}{m} \cdot \frac{dm}{dt} \tag{11.5}$$

となります。ここで,

$$\frac{\dfrac{dv}{dt}}{\dfrac{dm}{dt}} = \frac{dv}{dm}$$

ですから式 (11.5) の両辺を $\dfrac{dm}{dt}$ で割ることによって v を m の関数とみた微分方程式

$$\frac{dv}{dm} = -\frac{u}{m}$$

が得られます。これは変数分離形で簡単に解くことができて

$$\int dv = \int -\frac{u}{m}\, dm$$

$$\therefore \quad v = -u\log m + C_1 \tag{11.6}$$

となります。定数 C_1 については $t = 0$ のとき $v = 0$, $m = M$ であることから

$$0 = -u\log M + C_1$$

$$\therefore \quad C_1 = u\log M \tag{11.7}$$

のように定まりますから, これを (11.6) に代入することによって

$$v = -u\log m + u\log M$$

すなわち,

$$v = -u \log \frac{m}{M} \tag{11.8}$$

のように表すことができます。

　有人ロケットでは, 人間が耐えられる最大の加速度を超えないように Δm_p を調節します。したがって, $\frac{dm}{dt}$ は定数ということはなく $m = m(t)$ も 1 次関数的に変化するわけではありませんが, 上の結果から (外力を無視した場合) ロケットの速さは消費した燃料のみに依存することがわかります (ここでは u は定数です)。

　さて, 求めたい値は燃料をすべて使い切ったときに到達する速さ v_{fin} です。これはロケットが人工衛星と外装部分 A だけになった場合, すなわち $m = rM$ となったときの v の値ですから, 式 (11.8) に $m = rM$ を代入することで

$$\begin{aligned} v_{\text{fin}} &= -u \log \frac{rM}{M} \\ &= -u \log r \end{aligned} \tag{11.9}$$

となります。したがって, 最終的速度 v_{fin} は u と r によって決まる値であることがわかります。ところで, ロケット工学の世界では u を重力加速度 g (m/s^2) で割った値を比推力 (specific impulse; 単位は sec) とよびロケットの性能を表す重要な指数となっています。この比推力を I とおくと $I = \dfrac{u}{g}$ ですから, 式 (11.9) は

$$v_{\text{fin}} = -Ig \log r$$

となります。

　一般に, 人工衛星が地球のまわりを回り続けるために必要な最低速度は 8km/s

といわれています。式 (11.9) で得られる v_fin は外力を無視していましたから v_fin の値を少し多目にとって, $v_\text{fin} = 10^4 \ (= 10\text{km/s})$ となるような I と r の組を調べると次のようになります。

I	r
100	3.7022×10^{-5}
200	6.0843×10^{-3}
300	0.0333
400	0.0781
500	0.1299
600	0.1818
700	0.2326
800	0.2778
900	0.3226
1000	0.3571

　一般的な燃料の比推力は $200 \leq I \leq 300$ 程度だそうで, 効率がよいとされる液体酸素と液体水素の組合せでも $400 \leq I \leq 450$ 程度が限界です。その一方でロケットの構造上の問題で, 極端に言うと「すべてが燃料タンク」というわけにはいかず様々な機器を取り付けることおよび強度などの理由で $r > 0.1$ を確保しなければなりません。したがって, このようなロケットでは地球を周回するのは無理ということになり, 多段式ロケットが考え出されたのです。

注

　化学反応だけを考えるのであれば理論上は $I = 700$ 程度までは可能です (例えば, ベ

リリウムと酸素の組合せ)。しかし, コスト面, 環境への影響等を考えた場合, 簡単に手に入る液体酸素と液体水素の組合せが燃料として適しているようです。

11.3   多段式ロケットへ

今度は多段式ロケットについて考えてみましょう。この場合は途中で不要になった燃料ケースを捨てるわけですから単段式ロケットに比べれば効率がよさそうです。それではいったいどのくらい効率がよくなるのでしょうか。

次のように設定しておきます。

(1) ロケットの第 1 段の構造部分と燃料をあわせた初期質量を M_1, そのうち構造部分の質量を $r_1 M_1$ $(0 < r_1 < 1)$ とする。

(2) ロケットの第 2 段 (人工衛星を含む) の構造部分と燃料をあわせた初期質量を M_2, そのうちの構造部分の質量を $r_2 M_2$ $(0 < r_2 < 1)$ とする。

(3) ロケットが燃料を噴出す (ロケットに対する) 相対速度は第 1 段, 第 2 段とも等しく u (m/s) である。

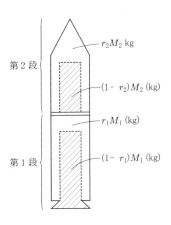

まず, 第 1 段の燃料をすべて使い切ったときに到達するロケットの速さを v_1 とおきます. この場合, 式 (11.9) の r の値は

$$r = \frac{r_1 M_1 + M_2}{M_1 + M_2}$$

となりますから,

$$v_1 = -u \log \frac{r_1 M_1 + M_2}{M_1 + M_2} \tag{11.10}$$

です. ここで, 第 1 段目を切り離し第 2 段目のこの初速度をもって動き出します. この時刻を t_1 とすると, 式 (11.6) において $t = t_1$ のとき v は (11.10) の値, $m = M_2$ とすると, 式 (11.6) の C_1 の値は

$$-u \log \frac{r_1 M_1 + M_2}{M_1 + M_2} = -u \log M_2 + C_1$$

$$\therefore \quad C_1 = u \log \frac{M_2(M_1 + M_2)}{r_1 M_1 + M_2}$$

となるので, v と m の関係は

$$v = -u \log m + u \log \frac{M_2(M_1 + M_2)}{r_1 M_1 + M_2}$$

$$= -u \log \frac{m(r_1 M_1 + M_2)}{M_2(M_1 + M_2)}$$

のようになります. したがって, 第 2 段の燃料をすべて使い切ったときに到達するロケットの速さを v_2 とおくと

$$v_2 = -u \log \frac{r_2 M_2(r_1 M_1 + M_2)}{M_2(M_1 + M_2)}$$

$$= -u \log \frac{r_2(r_1 M_1 + M_2)}{M_1 + M_2}$$

これに $u = Ig$ (先ほど同様に I は比推力, g は重力加速度) を代入して

$$v_2 = -Ig \log \frac{r_2(r_1 M_1 + M_2)}{M_1 + M_2} \tag{11.11}$$

となります.

それでは, 適当に数値を代入して v_2 の値を求めてみましょう.

まず, $M_1 = M_2$ としましょう。このとき式 (11.11) は

$$v_2 = -Ig \log\{r_2(r_1 + 1)\}$$

となります。そして, 少々苦しいですが $r_1 = r_2 = 0.1$ と定め, 液体酸素と液体水素をまぜた燃料の限界値である $I = 300$ を代入してみると

$$v_2 = -300 \times 9.8 \log(0.1 \times 1.1)$$

$$= 6489.\cdots\cdots \text{ (m/s)}$$

となってまだ秒速 8 km には足りません (さらに, 求めた値は外力を無視した値です)。つまり, 第 1 段目と第 2 段目を同じ質量になるようにロケットを作っているようでは無理ということになります。そこで, 今度は M_1 と M_2 の比をいろいろと変えて $v_2 = 10^4$ 程度になるかどうかを考えてみましょう。

$M_1 = kM_2 \ (k > 0)$ とおくと式 (11.11) は

$$v_2 = -Ig \log \frac{r_2(r_1 kM_2 + M_2)}{kM_2 + M_2}$$

$$= -Ig \log \frac{r_2(r_1 k + 1)}{k + 1} \tag{11.12}$$

さらに, 簡単のため $r_1 = r_2 = 0.1$ とおくと

$$v_2 = -Ig \log \frac{0.1(0.1k + 1)}{k + 1}$$

となります。$I = 300$ のもとで $v_2 = 10^4 \ (= 10\text{km/s})$ となる k を求めると

$$10^4 = -300 \times 9.8 \log \frac{0.1(0.1k + 1)}{k + 1}$$

$$\frac{0.1(0.1k + 1)}{k + 1} = e^{-\frac{10000}{300 \times 9.8}}$$

$$\fallingdotseq 0.03333$$

ここから k を求めると

$$k \fallingdotseq 2.86 \tag{11.13}$$

となります。したがって，第 1 段目と第 2 段目の両方とも構造部分の質量が全体の $\dfrac{1}{10}$ 程度に抑えることができ，比推力 300(s) すなわち，燃料の噴射速度が 300×9.8 (m/s) で噴射できる場合は第 1 段目は第 2 段目の 2.86 倍の質量であればよいということがわかります。

ところで，式 (11.12) より

$$\log \frac{r_2(r_1 k + 1)}{k + 1} = e^{-\frac{v_2}{Ig}}$$

とし，$r_1 = r_2 = r$, $v_2 = 10^4$ とおくと

$$\log \frac{r(rk + 1)}{k + 1} = e^{-\frac{10^4}{Ig}}$$

さらに，$\alpha = e^{-\frac{10^4}{Ig}}$ とおくと

$$\log \frac{r(rk + 1)}{k + 1} = \alpha$$

$$r(rk + 1) = \alpha(k + 1)$$

$$\therefore \quad k = \frac{r - \alpha}{\alpha - r^2} \tag{11.14}$$

となります。(11.13) で求めた場合よりもう少し余裕をもたせた場合の k の値を (11.14) から求めてみましょう。

(i) $I = 300$, $r = 0.12$ の場合

　この場合は $\alpha \fallingdotseq 0.03333$ となって

$$k \fallingdotseq 4.58$$

(ii) $I = 300$, $r = 0.15$ の場合

　この場合も $\alpha \fallingdotseq 0.03333$ となって

$$k \fallingdotseq 10.8$$

(iii) $I = 250$, $r = 0.12$ の場合

　この場合は $\alpha \fallingdotseq 0.01688$ となって

$$k \fallingdotseq 41.5$$

のようになります。

　式 (11.14) において $k > 0$ となるためには $0 < r^2 < r < 1$ であることも考えると

$$r^2 < \alpha < r \tag{11.15}$$

でなければなりません。例えば, $I = 250, r = 0.15$ とすると

$$\alpha \fallingdotseq 0.01688$$
$$r^2 = 0.0225$$

となるため (11.15) を満たしません。したがって, $I = 250, r = 0.15$ であるような 2 段式ロケットを作るのは無理という結論が得られます。実際のところ $r = 0.1$ とするのは結構厳しく $r = 0.15$ とするのも楽ではない現実があることを考えると, I の値, すなわちいかに燃料を高速で噴出すかが重要な要因になることがわかります。そのような理由もあり, また r の値を上げるために最近では I の数値が大きい液体酸素と液体水素を燃料として使うロケットが増えてきました。また, ロケット自体を 2 段式ではなく 3 段式にする方法も考えられます。実際旧ソ連から引き継ぐロシアのプロトンというロケットは 4 段式になっています。

第12章 感染症と SIR モデル

　2019 年の末，中国の武漢で初めて発見された新型 (当時) コロナウィルス (COVID‑19) の蔓延は，2020 年になって全世界に広がりました。多くの国でその対策が取られる中，日本では 2020 年当時の厚生労働省のクラスター対策班 (以下「対策班」) が次のような図を用いて今後どのように蔓延するかを解説しました。

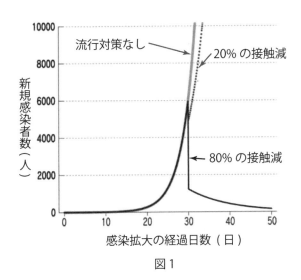

図 1

　一般には，「新規感染者数」を長期的にシミュレーションすると次の図 2 のような変化を辿ります。この図の中の点線枠内が図 1 の部分に対応しています。

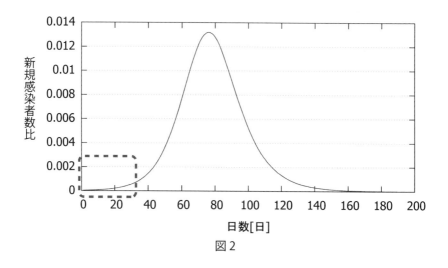

日数[日]

図 2

　さて, このコロナウィルスの蔓延の予測には, 「**SIR モデル**」と呼ばれる微分方程式系のモデルが採用されています。この章では, SIR モデルを理解して, まだワクチンのなかった 2020 年前半にどのような予想を立て, それをどのように伝えていたかを振り返ってみましょう。

　図 2 は $R_0 = 2.5$ (1 人が平均 2.5 人に感染させる) としてシミュレーションしていますが, 初期値を大きく設定しているため, 実際の日本国内と比較した場合, 60 ～ 80 日程度のずれがあります。

12.1　SIR モデルとは

SIR モデルの考えは, 最初に人間を 3 つのグループに分けます。それは次のようなものです。

(S) 感受性保持者 (Susceptible) :

まだ感染していないが, 感染する可能性がある人 (流行初期では多くの人がこれにあてはまる)

(I) 感染者 (Infected) :

ウィルスに感染中で, 他人に伝染させる可能性のある人

(R) 免疫保持者 (Recovered) :

感染状態から回復するかワクチンなどを打つことで感染の免疫をもち, ウィルスを自己体内で消滅でき, 他人に感染させる恐れのない人。「隔離者 (Removed)」などとも呼ばれ, 死者も隔離者の一部とみなします。

一つ補足をしておきますと, 2020 年当時の毎日の報道などで, 「本日の新規感染者数」「累計感染者数」に含まれる方は, この中では「感染者」ではなく, (R) の隔離者に含まれていました。これは, 発見された感染者はすぐに隔離されて, 他の人に移す可能性はないからです。ですので, (R) の中には, 当時, 病気と戦っていた人も含みます。逆に (I) の「感染者」とは, 「まだ野放しになっている感染者」のことで, 以下の文章の中では「市中感染者」として区別しています。

次に, ウィルスの蔓延から t 日目の (S), (I), (R) の人数を $S(t)$, $I(t)$, $K(t)$ とおきます。(R) の人数を $R(t)$ ではなく, $K(t)$ とおくのは, 後で出てくる $R(t)$ と区別するためです。また, t および $S(t)$, $I(t)$, $K(t)$ は本来は 0 以上の整数値

をとる変数ですが, ここでは 0 以上の実数値をとることとします。

さて, (S), (I), (R) の人は次の法則で移動するものとします。

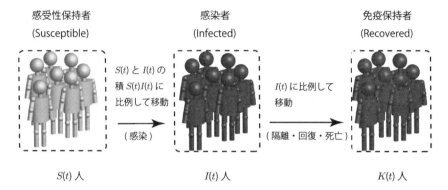

この様子を数式で表すと次のようになります。

$$\frac{dS(t)}{dt} = -\beta S(t)I(t) \tag{12.1}$$

$$\frac{dI(t)}{dt} = \beta S(t)I(t) - \gamma I(t) \tag{12.2}$$

$$\frac{dK(t)}{dt} = \gamma I(t) \tag{12.3}$$

ここで, β, γ は定数です。 β は感染の速さを表す定数です。 γ は感染者が感染をやめるまでの日数の逆数で, それは, 次のような数値です。

- 「市中感染者」が検査などをせずに独力で回復するまでの日数の逆数

- 感染した人が, PCR 検査などで感染が発見され, 隔離されるまでの日数の逆数

これらのすべての平均と考えてください。なお, 対策班は $\gamma = 0.2$ と考えていたと推測されます (推測の理由は後述)。すなわち, 自力回復までの日数と検査で発見されるまでの日数すべての平均が 5 日という考えです。

　なお, このモデルでは, 考えている地域での人の出入りがないことを仮定しています。これは, 3 式 (12.1), (12.2), (12.3) の和をとると,

$$\frac{dS(t)}{dt} + \frac{dI(t)}{dt} + \frac{dK(t)}{dt} = 0$$

となることからわかります。ここでは, 日本全国で考えるのでこの設定で構いません。

　また, このモデルでは, 潜時を無視しています。一般に, 感染した人は人に感染することができるようになる (病原体の排出) までには一定の時間がかかります。それまでの時間を潜時といいますが, その時間を考えずに, 感染後すぐに人に感染させるというモデルになっています。

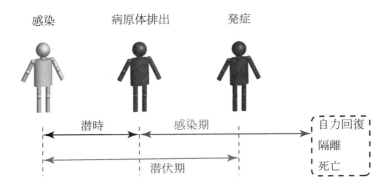

　さて, 人の人数が一定なので, これを N (人) とします。ここで, 微分方程式系 (12.1), (12.2), (12.3) を扱いやすくするために, 次のように置き換えます。

$$x(t) = \frac{S(t)}{N}, \quad y(t) = \frac{I(t)}{N}, \quad z(t) = \frac{K(t)}{N}$$

　このように置き換えることで, (12.1), (12.2), (12.3) は順に次のようになります。

$$\frac{dx(t)}{dt} = -\beta N x(t) y(t) \tag{12.4}$$

$$\frac{dy(t)}{dt} = \beta N x(t) y(t) - \gamma y(t) \tag{12.5}$$

$$\frac{dz(t)}{dt} = \gamma y(t) \tag{12.6}$$

　また, 特に誤解がない限りは, $x(t) = x$, $y(t) = y$, $z(t) = z$ と表すことにします。式 (12.4), (12.5), (12.6) は次のようになります。

$$x' = -\beta N x y \tag{12.7}$$

$$y' = \beta N x y - \gamma y \tag{12.8}$$

$$z' = \gamma y \tag{12.9}$$

「$'$」は時間による微分を表します。さらに, $x(0) = x_0$, $y(0) = y_0$ とします。こ
こでわかることは, x, y, z の変化は初期値が与えられれば, パラメータ β, γ に
よってのみ決まります。また, x, y は (12.7), (12.8) で決定しますから, 実質的
にこれは x と y の微分方程式系と考えることもできます。この微分方程式系は
非線型ですので, 解を具体的な形で求めることは難しいので, 以下は求めないで
わかることに触れます。

12.2　流行初期の様子

　感染の流行初期とは, p.154 の図 2 の枠内あたりの状況を指します。x はまだ小さくなっておらず, 変化も小さいので, x を一定値 1 で近似すると[1], (12.8) は,

$$y' = \beta N y - \gamma y$$

すなわち,

$$y' = \gamma \left(\frac{\beta N}{\gamma} - 1 \right) y \tag{12.10}$$

となります。このとき現れる $\dfrac{\beta N}{\gamma}$ を**基本再生産数**といい R_0 で表します。これは, 最初の段階で一人の人が何人に感染させるかを表す定数です。なお, 時間がたつと $S(t)$ も変化して N ではなくなる (ここでは x は 1 でなくなる) ので, その場合, $R(t) = \dfrac{\beta S(t)}{\gamma}$ を考え, これを**実行再生産数**といいます。初期の段階では, 基本再生産数と値はほぼ同じなので, 定数は扱いやすいことも考え R_0 を使っていくことにします。

　さて, R_0 を用いると, (12.10) は,

$$y' = \gamma(R_0 - 1)y$$

となり, この方程式の解は,

$$y = y_0 e^{\gamma(R_0-1)t}$$

です。

　ところで, これを最初の $I(t)$ を用いて表すと,

$$I(t) = I(0)e^{\gamma(R_0-1)t} \tag{12.11}$$

となります。対策班が 2020 年当時, 最初に感染の拡大を表した図では, 「新規」

---

[1] $S(t) + I(t) + K(t) = N$ であるので, $x(t) + y(t) + z(t) = 1$ からこのように決めます。

感染者数が 20 日目で 300 人, 30 日目で 6000 人でした。新規感染者数は $S(t)$ の減り具合でわかりますから[2],

$$-\frac{dS(t)}{dt} = \beta S(t)I(t)$$

であり, t が小さいときは $S(t) = N$ で近似するので,

$$-\frac{dS(t)}{dt} = \beta NI(t)$$

となります。

$$\beta NI(20) = 300, \ \beta NI(30) = 6000$$

ですので,

$$\frac{I(30)}{I(20)} = \frac{6000}{300}$$

左辺を (12.11) を用いて表すと,

$$\frac{e^{\gamma(R_0-1)\cdot 30}}{e^{\gamma(R_0-1)\cdot 20}} = 20$$

$$e^{\gamma(R_0-1)\cdot 10} = 20$$

$$10\gamma(R_0 - 1) = \log 20 \ (= 2.995732\cdots) \tag{12.12}$$

対策班は $R_0 = 2.5$ として試算していますので, ここから,

$$\gamma = 0.199715\cdots \fallingdotseq 0.2$$

となります。これが, 対策班が $\gamma = 0.2$ に定めているであろうと考える根拠です。そして, 対策班は $\gamma = 0.2$ を設定して, 最初の図 (図 1) を描いたのかもしれません。

次に, もう一度 (12.11) を見てみましょう。それは,

$$I(t) = I(0)e^{\gamma(R_0-1)t}$$

です。ここで, $a = \gamma(R_0 - 1)$ とおきます。当時, 対策班は人と人の接触を減ら

---

[2] $I(t)$ の増え具合ではありません。

して この a の値を下げることを提案していました。実際に，人と人の接触が q ($0 < q < 1$) 倍になったとすると，1 人が感染させる人数は qR_0 になり，a の値は，

$$a(q) = \gamma(qR_0 - 1)$$
$$= 0.2(2.5q - 1) \qquad (\leftarrow \gamma \text{ は } 0.2 \text{ と考えた。})$$

となって，$a(q) = 0$ となる q は，

$$q = \frac{1}{2.5} = 0.4$$

となります。これは，接触 6 割減を意味しますから，6 割減では新型コロナウィルスの蔓延は全く止められません。

■ 補 足 ■

　これは，筆者の推測に過ぎませんが，対策班は図 1 にもあるように新規感染者数が 10 日で 20 倍になるように試算していたのかもしれません。ここでは，

$$\gamma = 0.2, \, R_0 = 2.5$$

としましたが，もう少し正確に数値を扱うと，(12.12) にもあるように，

$$10\gamma(R_0 - 1) = \log 20$$

ここで，γ を先に 0.2 に固定すると，

$$R_0 = 1 + \frac{1}{2} \log 20 = 2.49786 \cdots$$

となります。この場合，$a(q) = 0$ となる q は，

$$q = \frac{1}{R_0} = 0.40034 \cdots$$

となります。したがって，接触 6 割減にするとわずかに新規感染者数は減少します。

30 日目で接触 7 割減にすると, $t > 30$ に対し, (再び $R_0 = 2.5$ としています)

$$I(t) = I(30_+)e^{-0.05t} \qquad (\leftarrow I(30_+) \text{ は } \lim_{t \to +0} I(30 + t) \text{ を表す。})$$

$$= 1800e^{-0.05t} \qquad (\because \quad I(30_+) = 6000 \times 0.3)$$

となり, 半減期は, $e^{-0.05t} = \dfrac{1}{2}$ より, $t = 20\log 2 = 13.86$ (日) となります。

30 日で接触 8 割減にすると, $t > 30$ に対し,

$$I(t) = I(30_+)e^{-0.1t}$$

$$= 1200e^{-0.1t} \qquad (\because \quad I(30_+) = 6000 \times 0.2)$$

となり, 半減期は, $e^{-0.1t} = \dfrac{1}{2}$ より, $t = 10\log 2 = 6.93$ (日) となります。この様子を図 1 にならってグラフに描くと次のようになります。ただし, 6 割減だけは, $R_0 = 2.49786$ を用いています。

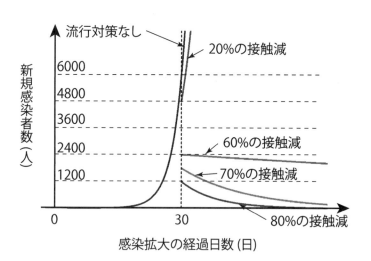

12.3　大域的な理論

微分方程式系 (12.7), (12.8), (12.9) の 3 つの方程式のうち x, y は (12.7), (12.8) だけで決定しますから, まずは (12.7), (12.8) のみを考えます. 式 (12.8) を式 (12.7) で割ります. すなわち,

$$\frac{y'}{x'} = \frac{\beta N x y - \gamma y}{-\beta N x y} \tag{12.13}$$

とします. ここで, $\dfrac{y'}{x'} = \dfrac{\dfrac{dy}{dt}}{\dfrac{dx}{dt}} = \dfrac{dy}{dx}$ ですから, (12.13) は,

$$\frac{dy}{dx} = -1 + \frac{1}{R_0 x} \qquad \left(R_0 = \frac{\beta N}{\gamma} \right)$$

これは変数分離形の微分方程式で, 両辺を x で積分して,

$$\int_{y_0}^{y} dy = \int_{x_0}^{x} \left(-1 + \frac{1}{R_0 x} \right) dx$$

$$y - y_0 = -(x - x_0) + \frac{1}{R_0}(\log x - \log x_0)$$

したがって,

$$y = -x + x_0 + y_0 + \frac{1}{R_0}(\log x - \log x_0) \tag{12.14}$$

となります. $R_0 = 2.5$ (対策班が最初に用いた値) とし, $x_0 = 0.99, y_0 = 0.01$ とすると次の図のようになります. このとき, 点 (x, y) は曲線上の矢印に沿って移動します.

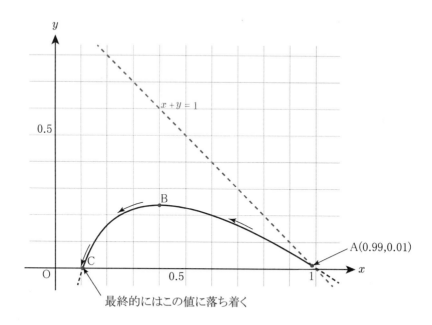

もう少し詳しくこの図について説明しましょう。現時点では (x, y) は A の位置にあるとします。ここから矢印の方向に曲線上を移動し, 点 B の時点で感染者数 (未発見の感染者数) がピークになります。そして, 最終的には図の点 C の位置に移動します。理論的には, 完全に C に到達するためには無限時間かかりますが, 実際は C の近くまで移動すれば (これは有限時間で到達できる) 感染は終了です。

なお, 点 B の x 座標は, $\dfrac{1}{R_0} = 0.4$ ですが[3], この値を閾値（いきち）といいます。x_0 が閾値よりも大きければ, 一端, 感染が拡大 (y が一度増加する) し, x_0 が閾値よりも小さければ, 感染は終息に向かいます。

さて, 図の点 C の x 座標を x_∞ としましょう。x_∞ は, 最終的に「感染しなかった人」の人数比を表しますから, 一度でも感染した人の比率は $1 - x_\infty$ で

---

[3]一般には $\dfrac{N}{R_0}$ になる。

す。x_∞ は, (12.14) から,

$$x_\infty - \frac{1}{R_0} \log x_\infty = x_0 + y_0 - \frac{1}{R_0} \log x_0$$

を満たします。また, 感染した人が死亡に至る確率 (致死率) を r とおくと, 最終的な死亡者数 D は,

$$D = N(1 - x_\infty)r$$

となります。この r は最大で見積もると, 2020 年 4 月 25 日の段階の全国の感染者数 12829, 全国の死亡者数 334 より,

$$\frac{334}{12829} = 0.026 \ (= 2.6\ \%)$$

です。なぜ r の最大値と考えるかというと, 感染者の中には, まだ発見されていない「市中感染者」がいるから分母は大きくなる可能性があるのに対し, コロナウィルスによる死者はすべてカウントされている (あるいはそれに近い) から分子は動かないという考えからです。

では, 2020 年 4 月 25 日の段階では, 日本の人口を 1.2 億とし, 市中感染者数が 12 万人 (全体の 0.1 %), 隔離者が 1.2 万人 (全体の 0.01 %) とすると,

$$x_0 = 1 - (0.001 + 0.0001) = 0.9989$$

$$y_0 = 0.001$$

となります。さらに, $R_0 = 2.5$ とすると, x_∞ は (16.14) より, 方程式

$$x - \frac{1}{R_0} \log x = x_0 + y_0 - \frac{1}{R_0} \log x_0$$

の解で, これを解いて,

$$x_\infty = 0.10723$$

が得られます[4]。したがって, 死亡者数 D は,

---

[4]この値は代数的に解くのは無理なので, 計算ソフトなどを利用します。

$$D = 1.2 \times 10^8 (1 - 0.10723) \times 0.026$$
$$= 2785442$$

となります。

これが, 市中感染者が 1.2 万人とすると,

$$x_0 = 1 - (0.0001 + 0.0001) = 0.9998$$

$$y_0 = 0.0001$$

なので, 同様の求め方をして,

$$x_\infty = 0.10736$$

となり,

$$D = 1.2 \times 10^8 (1 - 0.10736) \times 0.026$$
$$= 2785036$$

が得られますが, これは先ほどと大きな違いはありません。

これに対し, $R_0 = 1.5, 1.2, 0.8$ の場合の最終死亡者数を記すと次のようになります。死亡率を 2.6 %, 1 % としたときの最終死者数を $D_{2.6}$, D_1 と表しています。

(表 1) 市中感染者が 12 万人の場合

R_0	0.8	1.2	1.5	2.5
$D_{2.6}$	15725	990444	1821674	2785442
D_1	6048	380940	700644	1071324

(表 2) 市中感染者が 1.2 万人の場合

R_0	0.8	1.2	1.5	2.5
$D_{2.6}$	1872	9797112	1818554	2785037
D_1	720	376812	699444	1071168

このように, $R_0 < 1$ となると急激に減ります (170 ページの資料 3 を参照)。また, R_0 が 1.2 より大きいと, 現在の市中感染者数の人数はあまり関係がないことがわかります。

したがって, 今後, R_0, あるいは $R(t)$ をいかに早急に小さくしていくかが大切なのですが, そのためには 8 割接触減の他にも

「市中感染者をいかに早く見つけて, 他の人に感染させる前に隔離するか」

が重要になってきます。あくまでもこのモデルの通りに進んだ場合ですが, 早目に対応策を取り組まないと大惨事になってしまいます。

12.4　関連資料

資料 1　新型コロナウィルスの感染者数の推移

　下のグラフは, 2020 年 2 月 1 日以降の新型コロナウィルスの感染者等の推移を表したものです。

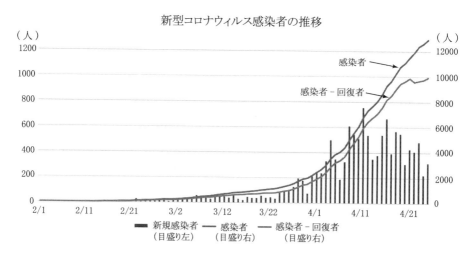

新型コロナウィルス感染者の推移

(嘉創株式会社の資料による)

★ 参考 ★　(新型コロナ蔓延初期の状況と政府と東京都の対応)

- 2019 年 12 月 31 日: 中国は WHO に対し, 武漢で原因不明の肺炎クラスターが発生したことを報告

- 2020 年 1 月 7 日: 中国武漢で「新型コロナウィルス」が判明

- 2020 年 1 月 16 日: 日本で最初の感染が判明

- 2020 年 2 月 5 日: ダイヤモンドプリンセス号で集団感染が判明

- 2020 年 2 月 11 日: 病名を「COVID - 19」とする

- 2020 年 2 月 19 日: DP 号での様子を岩田健太郎神戸大学教授が告発

- 2020 年 2 月 27 日: 首相が全国休校を要請

- 2020 年 3 月 24 日: 五輪延期決定

- 2020 年 3 月 25 日: 東京都知事の記者会見 (三密発言など)

- 2020 年 3 月 30 日: 東京都知事の記者会見 (夜の街の自粛など)

- 2020 年 4 月 7 日: 政府による 7 都府県の非常事態宣言発令

- 2020 年 4 月 16 日: 政府による全国を対象とした非常事態宣言発令

資料 2 　SIR モデルに基づくシミュレーション

$R = 2.5$ の場合の $S(t)$ (健康者), $I(t)$ (感染者), $K(t)$ (回復者) の推移の図。全体の人数を 1 とし, 初期値を $S(0) = 0.9999$, $I(t) = 0.0001$, $K(0) = 0$ とした。

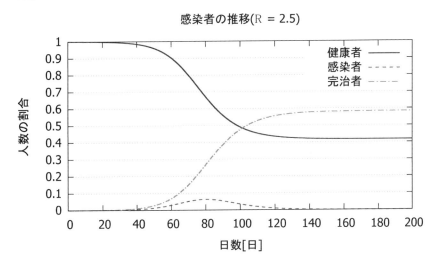

感染者の推移(R = 2.5)

資料 3　最終死亡者予測

　次のグラフは, まだワクチンがなかった 2020 年前半の状況を想定して, R_0 と日本国内の最終死亡者の人数予想の関係を表したものです。最初の市中感染者を 12 万人, 隔離者を 1.2 万人とし, 実線が死亡率 2.6 %, 点線が死亡率 1 % のものです。

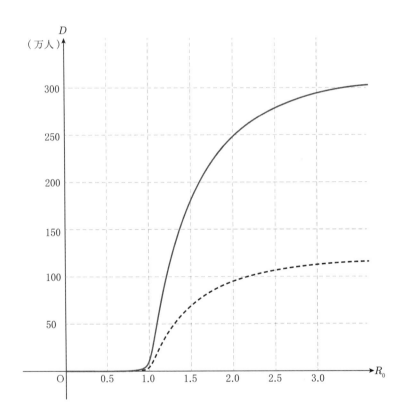

あとがき

　現在の高校数学のカリキュラムには微分方程式はありませんが, 1990 年代前半までは高校数学のカリキュラムの中に微分方程式がありました。その時代のカリキュラムでは, 高校数学の最後に登場する微分方程式が高校数学の最終到達点であり, 当時の高校生にとって最後に学習するこの微分方程式はそれまでに学習した微積分が実在の世界で役に立つのを見る瞬間でもありました。

　私はこの微分方程式に魅せられて大学でも微分方程式を専攻しましたが, 学べば学ぶほど微分方程式が自然科学あるいは社会の中でいかに貢献しているかを知ることとなりました。本書では, 第 11 章までは 2010 年以前に書き上げた原稿を元に現代風に書き直したものですが, 最後の第 12 章については, 2020 年に日本ならび世界中をパニックに陥れた COVID-19 が蔓延したときに書き綴ったものを元に書いたものです。多くの人は当時の新型コロナウィルスの蔓延の予想の結論のみを聞く形でしたが, 微分方程式にある程度精通していればその予想がどのような形で導かれたものかを知ることができ, まさに微分方程式が社会に貢献した瞬間をリアルな世界で体験できた時間でした。

　このように魅力ある微分方程式の世界ですが, 本書は, 理系の大学生だけではなく, 意欲的な高校生, 社会人の方にも楽しんでもらえることを願っております。

　　　　　　　　　　　　　　　　　　　　　　　　　　清　　史弘

著者紹介：

清 史弘（せい・ふみひろ）

　　1965 年生まれ
　　小学生から大学生までを教えた経験があり，現在は教員向けにも
　　講演活動を行なう．
　　現在，数学教育研究所代表取締役，予備校講師

　　主著：「数学の幸せ物語」，「数学を使ってなっとく！ 数学的思考
　　　　の日常　—直観と実際—」（現代数学社）
　　　　「プラスエリート」（駿台文庫）
　　　　「計算のエチュード」（数学教育研究所）

自然科学の華　微分方程式

2024 年 6 月 21 日　　初版第 1 刷発行

著　者　　　清 史弘
発行者　　　富田 淳
発行所　　　株式会社　現代数学社
　　　　　　〒 606–8425 京都市左京区鹿ヶ谷西寺ノ前町 1
　　　　　　TEL 075（751）0727　FAX 075（744）0906
　　　　　　https://www.gensu.co.jp/
装　幀　　　中西真一（株式会社 CANVAS）

印刷・製本　　　有限会社 ニシダ印刷製本

ISBN 978–4–7687–0637–4　　　　　　　　2024　Printed in Japan